Aux origines du monde

Du même auteur

Une histoire de l'astronomie
Seuil, « Points Sciences », 1990

René Descartes. Le Monde, l'Homme
Textes établis et annotés par l'auteur
en collaboration avec Annie Bitbol-Hespériès
Seuil, « Sources du savoir », 1996

Histoire de l'astronomie ancienne et classique
PUF, 1998

Penser l'univers
Gallimard, 1998

Le Ciel, ordre et désordre
Gallimard, 2001

Voir et rêver le monde :
images de l'univers de l'Antiquité à nos jours
Larousse, 2002

L'Univers
Larousse, 2005

La Sagesse de l'astronome
L'Œil neuf éditions, 2006

L'Univers
Le Cavalier bleu, 2006

JEAN-PIERRE VERDET

Aux origines du monde

Une histoire de la cosmogonie

ÉDITIONS DU SEUIL
*27, rue Jacob, Paris VIe*

ISBN 978-2-02-097748-7

www.editionsduseuil.fr

À Nicole, qui connut la genèse de ce livre,
mais n'en vit pas le point final, sinon l'achèvement

Introduction

Rien.
En ce temps-là, le temps n'existait pas…

Incipit paradoxal et désespérant sur lequel s'ouvrent tant de récits de la naissance du monde, et qui aurait dû briser net ces élans naïfs et impatients de la pensée. Et pourtant, si loin que l'on remonte dans la mémoire des hommes, on croise des cosmogonies. La réflexion sur la totalité du monde et sur l'origine de cette totalité semble aussi vieille que les premières traces de la pensée. Le genre est universel, persistant et infiniment varié : contes, légendes, récits et poèmes cosmogoniques abondent ; à toutes les époques, sous toutes les latitudes, à tous les degrés de civilisation, l'homme s'est interrogé sur les origines. La formation de la Terre, l'apparition de la vie et l'émergence de l'homme sont des étapes essentielles de cette quête jamais satisfaite. L'enjeu n'est pas que scientifique : poussés par un besoin fondamental, qui engage bien plus que la simple curiosité, les hommes ont tenté de formuler des réponses avant même de disposer des moyens d'énoncer correctement les questions. Et non seulement les cosmogonies sont présentes dans les premières traces des manifestations de l'intellect, mais elles y tiennent une place prépondérante – traces tant anciennes que Valéry, dans le texte qu'il consacre à *Eurêka* d'Edgar Poe[1], se demande si le monde est beaucoup plus âgé que l'art de faire le monde ! Mais Valéry pensait dans des échelles de temps moins vertigineuses que celles auxquelles les cosmologistes d'aujourd'hui nous ont habitués. Une certitude toutefois : l'art de faire le monde est aussi vieux que l'art de fixer la pensée, et ce que les scribes figent dans l'argile ou la pierre, sur le bois ou le papyrus, ils le tiennent d'une longue tradition orale. C'est dire que, à ses débuts, la pensée cosmogonique prend les formes du mythe.

Mais qu'est-ce qu'un mythe ? Pour la pensée occidentale, héritière en l'occurrence de la pensée grecque, le mythe a longtemps été défini par ce qu'il n'est pas. Il s'oppose au réel : le mythe est donc fiction ; et il s'oppose au rationnel : le mythe est donc irrationnel, sinon absurde ! Pourtant, en grec, *mûthos* signifie « suite de paroles qui ont un sens, discours », et *logos*, « paroles, propos » ; deux sens très proches. Mais, par un lent glissement qui a commencé au VIIIe siècle avant notre ère et qui, avec Platon, s'est achevé au IVe siècle, *mûthos* a pris le sens de « fiction » (le mythe est un récit merveilleux), et *logos*, celui de « raison immanente » (la logique est la science de la raison). Ainsi, la mythologie que nous offrent Homère ou Hésiode est déjà « dénaturée » par un travail sur une matière qui leur était en partie obscure. En revanche, pour les sociétés dites « primitives » ou « traditionnelles » ou « archaïques », et pour les anciennes civilisations du Proche-Orient, le mythe est l'expression de la vérité absolue. Le mythe raconte les actes de dieux ou d'êtres surnaturels ; il raconte une histoire sacrée à des hommes pour qui le sacré est le réel par excellence : le mythe est l'expression même de la réalité, ou, plus exactement, l'expression même des réalités, car il dit comment quelque chose est venu à l'existence, que ce soit le monde dans sa totalité ou une plante, que ce soit une institution ou un simple savoir-faire. Et c'est parce que le

1. Paul Valéry, *Eurêka*, in *Œuvres*, vol. 1, Paris, Gallimard, coll. « Bibliothèque de la Pléiade », 1967, p. 854 *sq.* (passage cité, p. 862).

mythe le dit que c'est la vérité : « C'est ainsi parce qu'il est dit que c'est ainsi », proclament les Inuits Netsilik.

Toutefois, si tout mythe, au sens fort et premier, narre une naissance, tout mythe n'est pas une cosmogonie, et si toute cosmogonie narre une naissance du monde, tout mythe cosmogonique ne traite pas nécessairement d'une création au sens strict du terme (c'est-à-dire d'une création *ex nihilo*), mais le plus souvent, moins ambitieusement, d'un commencement, d'une métamorphose. Même dans la Genèse, le plus théologique des mythes cosmogoniques, archétype d'une cosmogonie où un Dieu unique crée, sans nécessité aucune, un monde auquel il est extérieur, un tel concept de création *ex nihilo* n'est pas formulé. Il faut attendre le Second Livre des Maccabées, récit du IIe siècle avant notre ère qui ne faisait pas partie du canon scripturaire des juifs, mais a été reconnu par l'Église chrétienne comme inspiré, pour trouver l'affirmation selon laquelle le ciel et la terre ont été tirés de rien[1].

Nous ne ferons que survoler les mythes cosmogoniques, dont l'analyse n'entre pas dans le propos de cet ouvrage, et restreindrons ce survol à ceux qui ont pu influencer la pensée cosmogonique occidentale.

Le plus souvent, le monde tel que nous l'observons est tiré d'une masse initiale informe signifiée par différents types d'images qui soulignent le caractère négatif de ce chaos originel, mais qui le présentent aussi comme une totalité parfaite dont la rupture marque une entrée dans le temps et dans son œuvre destructrice. Selon un mythe japonais, au commencement, le ciel et la terre constituaient ensemble un chaos qui avait pris l'apparence d'un œuf, alors que, dans la tradition akkadienne, le chaos prend la forme d'un monstre marin. La création serait alors le fait, dans le premier cas, de la division de l'œuf, dans le second, du démembrement du monstre marin. Mais il est des cas où la totalité première n'est qu'une confusion qu'aucun qualificatif ne

1. Cf. Second Livre des Maccabées 7,28.

spécifie, où les choses à venir sont simplement mêlées. Ainsi, dans la tradition sumérienne, au commencement, le ciel et la terre étaient confondus, et Enlil les sépara. Cette séparation du ciel et de la terre marque à la fois l'acte cosmogonique par excellence et la rupture de l'unité primordiale. Une rupture sans heurt, comme celle qu'effectua Enlil, une rupture brutale, dramatique, telle la castration d'Ouranos, ou encore une rupture épique, comme le combat de Mardouk contre Tiamat et son armée de monstres. Étrangement, il n'est pas rare que ce monde initial soit imparfait, sinon raté, que le démiurge (ou la nature) doive hésiter, tâtonner, remettre l'ouvrage sur le métier.

La première cosmogonie qui prétend s'affranchir de la pensée mythologique et se veut sinon scientifique, du moins rationnelle, est le *Timée* de Platon, qui, au milieu du IVᵉ siècle avant notre ère, fleurit sur un terreau qu'avaient préparé les philosophes présocratiques. C'est donc par le *Timée* que, après une évocation de mythes cosmogoniques et des principales théories présocratiques, s'ouvrira cette histoire de la cosmogonie.

I. Cosmogonies mythiques

1. La Mésopotamie

L'histoire commence à Sumer, bien avant notre ère, dès la fin du Vᵉ millénaire, au sud de la Mésopotamie. Dans le bas pays marécageux qu'entourent le Tigre et l'Euphrate commencent à s'établir les empires de Sumer et d'Akkad. Les Sumériens, venus d'on ne sait où et dont la langue ne se rattache à aucun groupe linguistique connu, et les Akkadiens, d'origine et de langue sémitiques, reconnaissent l'autorité de deux villes, l'une centre politique, Nippour, l'autre centre religieux, Éridou. Dès la première moitié du IIIᵉ millénaire, les Sumériens se donnent Enlil pour dieu principal. Seigneur de l'atmosphère et maître du monde, il réside à Nippour en compagnie de la « Dame de la montagne », Nin-Khoursag. Mais si Enlil est le maître du monde, ce maître a un compagnon, Enki, dieu de l'eau et architecte qui a établi son propre temple. Venant de l'Abîme, Enlil navigue sur les eaux primordiales vers un monde que, geste après geste, parole après parole, il installe ; il en est l'ordonnateur et il y apporte la vie : il est l'Être sans qui nul être ne serait. Mais bientôt Enlil est détrôné par An, le dieu-ciel d'une autre cité religieuse, Ourouk. Un coup d'État fréquent dans les récits mythologiques : comme le note Mircea Eliade, il semble que presque partout les divinités célestes s'effacent, parfois jusqu'à tomber dans l'oubli, devant d'autres forces sacrées souvent plus proches de l'expérience quotidienne de l'homme, donc plus « utiles », plus « efficaces », et qui finissent par jouer un rôle prépondérant[1].

Les Akkadiens, eux, se donnent Mardouk comme chef d'une multitude de dieux, leur monde n'existe que par et pour les dieux ; ils sont la matière première d'un monde qui apparaît sans l'intervention d'un démiurge extérieur, par simple différenciation de cette matière primordiale et éternelle : les eaux mêlées. Les textes qui nous viennent d'Akkad révèlent une cosmogonie plus complexe et plus tourmentée que celle de Sumer. À l'origine, un chaos où tout est mêlé et où rien n'est encore nommé, pas même les dieux : ni l'Apsou primordial, leur procréateur, ni Tiamat, qui les enfantera. Un moment vient où, du sein d'Apsou et de Tiamat, naît le premier couple de dieux : Lakhmou et Lakhamou. Et ils sont nommés. Puis, les jours et les années se multipliant, les couples de dieux se multiplient, jusqu'à ce que vienne un couple supérieur à tous les précédents : Anshar, « la totalité du ciel », et Kishar, « la totalité de la terre ». Apparaît alors une profusion d'enfants, et d'enfants si turbulents qu'ils troublent le sommeil d'Apsou et mettent en péril l'ordre primordial, au point qu'Apsou propose à Tiamat de les anéantir. Tiamat, révoltée à l'idée de détruire ceux qu'ils ont créés, prêche la patience. Mais le plus lucide de leurs enfants, Ea, l'omniscient, ayant deviné le projet de son père, « verse un sommeil » sur Apsou et le met à mort.

Ce premier conflit réglé, un nouveau dieu apparaît, le plus capable et le plus sage de tous, Mardouk, aux formes si parfaites qu'elles en sont inconnaissables. Pourtant, le temps d'un ordre définitif du monde n'est pas encore venu ; de nouveau les dieux vont s'agiter et de nouveau ils vont troubler le sommeil de Tiamat, pour finalement l'entraîner dans une rébellion : un nouvel affrontement éclate, dont Mardouk sortira vainqueur. Écoutons ce que narre le grand texte cosmogonique akkadien, Enouma Elish :

1. Mircea Eliade, *Traité d'histoire des religions*, Paris, Payot, coll. « Petite bibliothèque Payot », 1977, p. 55 *sq*.

> Alors s'approchant, Tiamat et le plus sage des dieux, Mardouk, se ruèrent l'un contre l'autre et se joignirent dans la lutte. Mais déployant son filet, le Seigneur l'enveloppa, et libéra devant elle le vent mauvais qu'il gardait en réserve. Comme Tiamat ouvrait la gueule pour l'engloutir, il y projeta le vent mauvais pour l'empêcher de refermer les lèvres. Les vents furieux lui dilatèrent le corps. Elle en eut le ventre gonflé et resta la gueule béante. Il décocha alors une flèche qui lui perfora le ventre, lui déchira les entrailles et lui perça le cœur. L'ayant ainsi maîtrisée, il lui ôta la vie, jeta le cadavre à terre et se dressa dessus. Quand il eut massacré Tiamat, le chef de file, il mit en pièces sa bande, son armée se dispersa. [...] Il assura sa prise sur les dieux prisonniers et revint à Tiamat qu'il avait vaincue. Le Seigneur alors mit le pied sur la croupe de Tiamat, de sa harpé inexorable, il lui fendit le crâne, il lui trancha les veines, et le vent du nord chassa le sang dans le lointain. [...] Puis, détendu, le Seigneur examina le cadavre. Du monstre partagé, il voulut tirer œuvre d'art. Le coupant en deux comme un poisson séché. Il en assujettit la moitié pour faire la voûte céleste, tira le verrou, installa ses gardes, et leur enjoignit de ne pas laisser fuir les eaux[1].

Mardouk, désormais, peut organiser le ciel et la terre. Le monde est né d'un meurtre.

2. L'Égypte

Pour les Égyptiens, cette séparation créatrice se fait sans violence. Les plus anciennes traces d'une cosmogonie égyptienne nous viennent d'Héliopolis, ville où, comme son nom l'indique, on adorait le soleil : Atoum – du moins portait-il ce nom en tant que disque solaire, tandis que, soleil levant, il devenait

1. Cf. « La naissance du monde selon Akkad », in *La Naissance du monde*, Paris, Seuil, coll. « Sources orientales », 1959, p. 139-140.

Khépri, et que, parvenu au zénith, il prenait le nom de Rê. On peut suivre l'évolution de cette cosmogonie héliopolitaine à travers les Textes des pyramides, rédigés entre 2500 et 2300 avant notre ère, les Textes des sarcophages, écrits entre 2300 et 2000, et le Livre des morts, commencé en 1500. Il s'agit en fait de textes funéraires censés garantir aux morts un destin heureux. On y trouve des salutations aux divinités primordiales et donc les traces de leur rôle dans la création du monde. Si le dieu Rê est à l'origine du monde, s'il le tire d'un jaillissement de lui-même – par masturbation, pour les uns, par expectoration ou même par la parole, pour les autres –, le monde organisé ne sort pas du néant, mais d'un magma antérieur indéfinissable, le Noun, contenant à l'état informe toute la matière qu'un démiurge ordonnera, magma informe comme le chaos d'Hésiode ou le tohu-bohu de la Genèse. Toutefois, la création du monde ne supprime pas les eaux et les ténèbres du chaos initial, elle les refoule aux marges du monde. Notre monde est quotidiennement menacé : chaque crépuscule est une mort du soleil et son retour au matin suivant est incertain ; il n'y aura un lendemain que si le bain du soleil dans le Noun de l'Au-delà lui redonne sa vigueur.

Ainsi, selon les Textes des pyramides, avant la création, un roi a été mis au monde dans le Noun, alors que le ciel n'existait pas, alors que la terre n'existait pas, alors que rien n'existait encore qui ne fût établi, alors que le désordre même n'existait pas, alors que cette terreur qui devait naître de l'œil d'Horus ne s'était pas encore produite. Ce roi, c'est Atoum quand il est seul dans le Noun, mais il est Rê quand il apparaît, au moment où il commence à gouverner ce qu'il a créé.

Et le Livre des morts pose la question :

> Qui est-il ? – Rê au moment où il commence à gouverner ce qu'il a créé, c'est Rê qui commença d'apparaître en roi, alors que l'Exhaussement de Shou ne s'était pas encore produit. Il était alors sur la colline d'Hermopolis.

Rê, donc, c'est aussi le soleil, qui pour sa traversée quotidienne du ciel dispose de deux embarcations : pour le jour, la barque des millions d'années et, pour la nuit, la barque de Mesektet, barque des morts. Et c'est ce roi, dont on ne sait ni d'où ni comment il est venu, qui va cracher le premier couple, Shou et Tefnout – à moins qu'il ne l'éjacule :

> Salut à toi, Atoum ! Salut à toi, Khépri qui est venu de lui-même à l'existence ! Tu culminas en ce tien nom de colline, tu vins à l'existence en ce tien nom de Khépri. [...] Atoum-Khépri, tu as culminé sur la butte, tu t'es élevé sous la forme du Phénix, qui est maître du bétyle dans le Château du Phénix à Héliopolis. Tu as jeté un crachat qui est Shou, tu as lancé un jet de salive qui est Tefnout.

Et les Textes des pyramides rapportent encore :

> Atoum s'est manifesté sous la forme d'un masturbateur dans Héliopolis. Il saisit son membre dans son poing : les jumeaux furent mis au monde, Shou avec Tefnout. [...] Ô Shou, fils d'Atoum, c'est toi le Grand [l'Ancien], fils d'Atoum, son premier rejeton. Atoum t'a craché de sa bouche. Il a dit : exhausse donc mes enfants[1].

Et Shou, l'atmosphère, soulève Nout au-dessus de lui, Geb étant sous ses pieds : ainsi, Nout, le ciel, est séparé de Geb, la terre.

3. La Grèce

Le mythe grec de la création, tel que le rapporte Hésiode, est moins serein. D'Hésiode nous ne savons presque rien, si ce n'est ce qu'il nous dit lui-même dans *Les Travaux et les Jours* et dans

1. Cf. « La naissance du monde selon l'Égypte ancienne », *ibid.*, p. 46 *sq.*

sa *Théogonie*. Son père habitait l'Éolie, où il dirigeait une entreprise de cabotage qui, semble-t-il, périclita et l'obligea à revenir sur sa terre d'origine, la Béotie. C'est là, au pied de l'Hélicon, à Ascra, que naquit et vécut Hésiode, y cultivant ses champs et y faisant de plus métier d'aède. Le peu qu'il nous livre ne s'accompagne malheureusement d'aucune date, il est toutefois certain que son œuvre est antérieure au dernier tiers du VIIe siècle avant notre ère (époque d'un fragment de Sémonide d'Amorgos, inspiré d'un passage des *Travaux*), et qu'on ne peut rien objecter aux historiens qui font remonter sa vie jusqu'au milieu du VIIIe siècle, même s'ils ne disposent d'aucune preuve. Tous les manuscrits que nous connaissons de la *Théogonie* dérivent de la transcription faite vers le IXe siècle d'après une édition retrouvée à Byzance. La *Théogonie* conte la naissance des dieux, mais elle est aussi une cosmogonie, une naissance du monde, car le poème nous dit comment le monde naît avec les dieux et comment les dieux, ayant reçu le monde en partage, l'organisent.

Et donc, avant tout est le vide, abîme béant, sans fond, indéfinissable ; puis viennent la terre, assise sûre à jamais offerte à tous les vivants, et l'amour, sans lequel aucune vie n'apparaîtrait, mais sans qu'Hésiode nous dise comment ils émergent du néant, ni comment Amour agit. Puis, toujours surgissant du vide, vient l'ombre, sous la forme d'un couple, Érèbe et Nuit, et de l'ombre vient la lumière, autre couple, Éther et Lumière du jour. De Terre sort d'abord, pour la couvrir tout entière, le ciel étoilé, puis les montagnes et enfin la mer, Flot. Après quoi, par son union avec Ciel ou avec Flot, Terre donne le jour à de nombreux dieux. Et, parmi eux, le plus redoutable de tous ses enfants, Cronos, le dieu aux pensées fourbes qui prend en haine son père, comme son père a pris en haine tous ses enfants !

Mais dans cet ordre primordial vont apparaître des « monstres » dont les querelles amèneront le désordre et mettront le monde naissant en péril : entre autres naissent les Cyclopes au cœur violent, Brontès, Stéropès et Arghès, en tout pareils aux dieux, si ce n'est qu'un seul œil était placé au milieu de leur front. Et d'autres fils encore, Cottos, Briarée, Gygès, qu'à peine on ose nommer – ceux-là avaient chacun cent bras et cinquante têtes. Et c'est Terre elle-même qui demandera à ses enfants d'éliminer leur père et qui forgera l'arme du crime : une grande serpe de métal blanc avec laquelle Cronos fauchera les bourses d'Ouranos. Des éclaboussures sanglantes, que Terre recueillera, de nouveaux êtres naîtront.

Puis Hésiode énumère les longues descendances de Nuit, de Flot, d'Océan, et de tous les enfants de Terre et de Ciel ; parmi ceux de Cronos, Zeus, appelé à détrôner son père comme Cronos a détrôné le sien, et à présider un nouveau et définitif ordre du monde[1].

4. Israël

Si un certain nombre de passages de la Bible, notamment dans les Psaumes et le Livre de Job, font allusion aux origines de l'univers, ce sont les deux premiers chapitres du livre de la Genèse qui nous donnent le plus explicitement la pensée cosmogonique israélite. Il faut rappeler que ces deux chapitres contiennent deux récits de la création et que le livre de la Genèse lui-même semble être la compilation de trois narrations originellement autonomes. La plus facile à isoler est celle dite « Code sacerdotal ». Elle a dû être rédigée après le Grand Exil, vers la fin du VIe siècle avant notre ère. Les deux autres narrations sont plus difficiles à séparer. Les spécialistes s'accordent cependant à déceler deux autres récits, plus anciens, peut-être du VIIIe siècle, dont l'un représenterait la tradition religieuse du royaume du Nord et l'autre celle du royaume du Sud. On donne à ce dernier récit le nom de « Yahviste », parce qu'il désigne Dieu par son nom propre de Yahvé, et à l'autre le nom d'« Élohiste », parce qu'il se sert

1. Cf. Hésiode, *Théogonie*, édition de Paul Mazon, Paris, Les Belles Lettres, 1972, p. 36 *sq*.

du terme plus général d'Élohim, lequel signifie « Dieu » ; notons que le Code sacerdotal désigne Dieu également sous le nom d'Élohim. L'Élohiste ne devait commencer son histoire d'Israël qu'avec celle du premier grand ancêtre de ce peuple, Abraham, alors que le Yahviste et le Code sacerdotal remontent jusqu'aux origines mêmes de l'homme et de l'univers. C'est pourquoi ils commencent l'un et l'autre par un exposé cosmogonique.

Commençons donc, bien que les rédacteurs de notre Bible l'aient mise en second, par la cosmogonie la plus ancienne, celle du Yahviste, centrée sur l'homme et sur sa destinée :

> Lorsque Yahwéh eut fait le ciel et la terre, nulle broussaille de la lande n'existait encore sur la terre et nul gazon de la lande n'avait encore poussé, parce que Yahwéh n'avait pas encore fait pleuvoir sur la terre et qu'il n'y avait pas d'homme pour travailler l'humus. Yahwéh fit donc monter un flot de la terre, pour arroser la surface entière de l'humus. Puis Yahwéh modela l'homme avec de la poussière tirée de l'humus et lui insuffla aux narines l'haleine de vie, si bien que l'homme devint un être vivant. Yahwéh planta alors un jardin à Éden, [là-bas] vers l'Orient, et Il y plaça l'homme qu'Il avait modelé. [...] Alors Yahwéh fit choir une torpeur sur l'homme, qui s'endormit, Il lui prit une côte et reboucha le vide en mettant de la chair à sa place ; et, de cette côte, qu'Il avait prise à l'homme, Yahwéh façonna une femme, qu'Il conduisit à l'homme[1].

La cosmogonie du Code sacerdotal est plus abstraite et plus théologique que celle du Yahviste, elle donne un classement logique et exhaustif des êtres qui, à l'appel de Dieu, sortent du néant selon l'ordre de leur dignité, jusqu'à l'homme image de Dieu :

> Au commencement, Élohim créa le ciel et la terre. Or, la terre était déserte et vide : les ténèbres s'étendaient sur l'abîme et le souffle d'Élohim planait sur les eaux.

---

1. Cf. « La naissance du monde selon Israël », in *La Naissance du monde*, *op. cit.*, p. 190-191.

> Élohim dit alors: «Qu'il y ait la lumière!» Et il y eut la lumière. Élohim constata que la lumière était une bonne chose. Puis Élohim sépara la lumière des ténèbres, et Élohim appela la lumière «jour», et les ténèbres, Il les appela «nuit». Puis il y eut un soir, puis il y eut un matin: le premier jour.
> Ensuite, Élohim dit: «Qu'il y ait une voûte entre les eaux et qu'elle sépare les eaux en deux!» Et ainsi en fut-il: Élohim constitua cette voûte et sépara les eaux inférieures à la voûte des eaux supérieures à la voûte. Élohim appela cette voûte «ciel». Et Élohim constata que c'était là une bonne chose. Puis il y eut un soir, puis il y eut un matin: le deuxième jour.
> Ensuite, Élohim dit: «Que les eaux inférieures au ciel se rassemblent en un emplacement unique, pour qu'apparaisse l'étendue sèche!» Et ainsi en fut-il. Élohim appela l'étendue sèche «terre», et le rassemblement des eaux, Il l'appela «mer». [...] Ensuite Élohim dit: «Que la terre verdoie de verdure, d'herbage portant semence et d'arbres fruitiers.» [...] Puis il y eut un soir, puis il y eut un matin: le troisième jour[1].

Notons, d'une part, que «déserte et vide» (en hébreu *tohu* et *bohu*), comme les ténèbres sur l'abîme et les eaux, sont des images qui, par leur caractère négatif, s'efforcent d'exprimer l'idée de «création à partir du néant», notion qui ne sera énoncée littéralement que dans le Second Livre des Maccabées (7,28): «Je t'en conjure, mon enfant, regarde le ciel et la terre et vois tout ce qui est en eux, et sache que Dieu les a faits de rien et que la race des hommes est faite de la même manière.» D'autre part, que la voûte céleste, ou firmament, était pour les anciens Sémites une coupole solide, retenant les eaux supérieures; par ses ouvertures ruissellera le déluge.

Puis vient la création des luminaires: le soleil et la lune. On remarquera que le soleil et la lune sont créés le quatrième jour, alors que la séparation du jour et de la nuit est faite dès le

1. *Ibid.*, p. 192-194.

premier jour : une chronologie qui tourmentera bien des cosmogonistes modernes soucieux de respecter les Écritures, et, en particulier, Descartes. Le cinquième jour Dieu créa les animaux d'origine aquatique, et le sixième il créa les animaux d'origine terrestre et l'homme, puis il se reposa. Une création où la parole compte autant, sinon plus, que le geste : les choses n'existent vraiment qu'une fois reconnues bonnes et nommées.

5. Les présocratiques

Il faut attendre le temps d'Aristote et de Platon pour que le sol s'affermisse sous les pas des historiens des sciences et que le regard sur le monde se veuille rationnel. Toutefois, ceux qu'on appelle les « présocratiques » avaient défriché le terrain, qu'ils soient de l'école de Milet, que Thalès avait fondée vers la fin du VIIe siècle avant notre ère, ou de celle d'Italie, créée par Pythagore à Crotone un peu plus tard, vers 530. Lorsque Socrate fleurissait à Athènes, ces écoles qui avaient été constituées aux marges du levant et du couchant de l'Empire grec commençaient, sous les pressions de l'histoire, à refluer vers le centre de la Grèce, et particulièrement vers Athènes.

Même si l'eau de Thalès, génératrice et sur laquelle le monde, fragile esquif, flotte comme un morceau de bois, ou l'air d'Anaximène, dans lequel un monde encore plus léger et plus mince plane comme une feuille morte, même si le feu d'Héraclite et le vide illimité, l'*apeiron*, d'Anaximandre, au milieu duquel la terre se tient en équilibre sans support matériel, parce qu'elle n'a pas plus de raison de glisser vers l'un des côtés du monde que vers l'autre, même si ces principes ou éléments originaires, qui génèrent puis emplissent le monde, ne sont pas les éléments d'une physique que l'expérience conforterait et dont les dieux seraient totalement absents, ils s'opposent à Terre, dont Hésiode ne nous dit pas comment elle sortit d'Abîme ni pourquoi Éros est à ses côtés, ni comment, à elle seule, elle enfantera Ouranos, le ciel étoilé, et Pontos, la mer féconde. Quand Platon, qui d'ailleurs fera le voyage en Italie du Sud, apparaît, les voies sont ouvertes à une pensée dégagée de la mythologie des temps antérieurs.

Si les présocratiques n'inaugurent pas la pensée rationnelle au sens actuel du terme, ils transforment dans leur esprit les méthodes de recherche et d'exposition. Aux récits mythologiques, dont les moyens d'expression inadéquats à une description scientifique du monde relevaient de la théologie et de la poésie, ils substituent un discours philosophique dont ils ont forgé les mots sévères et les concepts rigoureux. Ce discours, ils vont le constituer en jouant des oppositions et des contraires. Les doctrines qui se succèdent se bâtissent les unes à partir des autres, mais aussi, et y compris à l'intérieur d'une même école, se dressent les unes contre les autres, comme les formules qui les expriment jouent à renverser les positions de termes contradictoires. Jonglant avec le dense et le rare, l'illimité et le limité, le clair et l'obscur, avec le même et l'autre, l'un et le multiple, en quelques générations ils épuiseront le jeu des possibles. À ce jeu, les plus subtils affirment, nient et dépassent les contraires dans un même discours : ils découvrent la dialectique, dont la forme extrême, appliquée à des coquilles vides, engendrera l'art des sophismes, mais armera l'esprit pour le déchiffrement du monde.

Malheureusement, leur discours nous est parvenu si fragmenté qu'il est téméraire de vouloir reconstituer leur pensée. Les sources, toutes indirectes et plus ou moins tardives, sont nombreuses et semblent venir d'horizons différents. Les documents par lesquels nous approchons les présocratiques sont classés en deux genres : d'une part, des fragments, le plus souvent minimes, d'autre part, des commentaires, des catalogues d'opinions et des ouvrages pédagogiques. Dans l'Antiquité, en dehors des grands classiques, les écrits de date ancienne ont toujours été très rares, et même parfois introuvables hors des grandes bibliothèques. Les philosophes, les historiens et les vulgarisateurs se contentaient de puiser leurs informations dans des compilations dont quelques-unes ont survécu. À y regarder de plus près, comme le fit Hermann Diels à la fin du XIXe siècle, on s'aperçoit que la mariée est trop belle[1].

Certains indices de fausse abondance étaient déjà connus. D'abord, la comparaison des œuvres d'Eusèbe, évêque du début du IVe siècle, et de celles de Stobée, doxographe du Ve siècle, avait permis de retrouver chez l'un et l'autre des traces d'un abrégé d'histoire de la philosophie qu'avait composé, à la fin du Ier siècle avant notre ère, Arius Didyme, professeur de philosophie de l'empereur Auguste. Puis la comparaison des *Placita* du pseudo-Plutarque avec les *Commentaires* de Théodoret, évêque de Cyr en Syrie, au Ve siècle, et avec le *Florilège* de Stobée montra que ces auteurs avaient puisé à une source commune due à un certain Aétius, probablement un péripatéticien éclectique du IIe siècle avant notre ère. Par ailleurs, du commentaire de Simplicius[2] sur le premier livre de la *Physique* d'Aristote, on avait dégagé des extraits de l'ouvrage de Théophraste, ce qui mit en évidence une ressemblance significative entre celui-ci et la plupart des écrits des doxographes et des commentateurs postérieurs à notre ère.

Le résultat du travail de Diels fut aussi décevant que clair : jamais les écrits des physiologues n'ont directement servi aux doxographes ; tous se rattachent originairement à un grand ouvrage historique composé par Théophraste, le plus illustre disciple d'Aristote, et son successeur à la tête du Lycée. Aristote avait l'habitude pédagogique, avant d'exposer sa doctrine sur un sujet donné, de mentionner les opinions émises avant lui et de préparer, par leur critique et leur réfutation, la

1. Cf. *Les Présocratiques*, édition de Jean-Paul Dumont, Paris, Gallimard, coll. « Bibliothèque de la Pléiade », 1988, p. XXII *sq*. Il existe désormais une nouvelle traduction française des textes présocratiques : *Les Philosophes présocratiques*, Fribourg, Éditions universitaires de Fribourg, 1995.

2. Simplicius, philosophe grec néoplatonicien du VIe siècle, commentateur d'Aristote.

voie au développement de ses propres théories. Théophraste entreprit de rassembler et d'analyser les opinions des anciens physiologues, devenant le premier de ce que l'on appelle les « doxographes », c'est-à-dire les écrivains qui se sont appliqués à recueillir et à classer par ordre des matières ces opinions (*doxai*, en grec, *placita*, en latin). Ajoutons que cet ouvrage s'est perdu de bonne heure et a été remplacé par des compilations et des abrégés.

a) L'école de Milet

Quelques-unes seulement des traces qui ont sauvé d'un oubli total ces balbutiements sur le monde évoquent sa naissance. Si dans le monisme matérialiste de l'école de Milet, dite également « école ionienne », on retrouve une conception génétique de la nature qui rappelle celle d'Hésiode, cependant aucun des philosophes ioniens ne prend la terre comme principe : tous se différencient donc d'Hésiode, pour qui la terre enfanta et le ciel et la mer, puis, de là, toutes choses. Pour Thalès lui-même, ce principe est l'eau, source de l'humidité, de la vie, de la multiplicité des formes, et sans doute responsable de ce que la force motrice vivante appartient à toutes choses. Quant à l'Illimité (l'*apeiron*) qu'Anaximandre substitua à l'eau, Aristote, à qui nous devons ce que nous savons de l'*apeiron*, note que dire que tout vient de cet élément énigmatique et que tout y retourne n'indique pas la cause ou la nature des mouvements qui font que l'Un devient multiple et que les multiples retournent à l'Un. De plus, le sens qu'Aristote donne au terme *apeiron* n'est pas évident. *Apeiron* désigne-t-il l'infini spatial ? Peut-il désigner un concept aussi précis et rigoureux avant que Zénon[1] ait soulevé les interrogations paradoxales sur l'extension et la division à l'infini ? Ou bien ce terme a-t-il le sens plus vague d'« indéfini », de « sans limite » ? Un autre doute se profile alors : et si ce qualificatif

---

1. Zénon d'Élée, né vers 490 avant J.-C., disciple de Parménide.

s'appliquait au genre même de la substance originaire plutôt qu'à son étendue, signifiant alors « sans limites intérieures », « sans distinctions internes » : « indistinct » ?

Saint Hippolyte, évêque et martyr du IIIe siècle, est un des premiers témoins de la tradition doxographique inaugurée par Théophraste. Sa *Réfutation de toutes les hérésies* attaque les hérésies du christianisme et montre qu'elles ne sont que des survivances des philosophies païennes. Hippolyte, donc, précise la cosmologie et la cosmogonie et la cosmographie d'Anaximandre :

> Il disait que le principe des choses existantes est une certaine nature de l'Illimité dont naissent les cieux et le monde qui se trouve en eux. Cette nature est éternelle et ne vieillit pas ; elle enveloppe tous les mondes. Il dit que le temps est la limite de la génération, de l'existence et de la corruption. Il disait que le principe et l'élément des choses qui existent est l'Illimité ; [...] en outre est éternel le mouvement dans lequel se produit la génération des cieux. Il disait encore que la terre est en suspens hors de toute contrainte externe mais immobile à cause de son égal éloignement de toutes choses ; sa forme est ronde, arrondie à la façon d'une colonne de pierre ; l'une de ses extrémités planes est la surface que nous foulons, alors que l'autre se trouve à l'extrémité opposée. Les astres sont un cercle de feu, émanation du feu répandu dans le monde et entouré par l'air. Il existe des embouchures qui sont comme des trous de flûte, à travers lesquels on voit les étoiles ; de telle sorte que lorsque ces embouchures sont obturées les éclipses se produisent. Quand la lune tantôt paraît pleine, tantôt diminue, cela vient de la fermeture ou de l'ouverture des trous. Le cercle du soleil est 27 fois plus long que celui de la lune, et le soleil est plus haut que la lune, mais les cercles des étoiles fixes sont plus bas[1].

Dernier représentant de l'école de Milet au sens strict du terme, Anaximène semble nous présenter une vue du monde

1. Cf. *Les Présocratiques*, *op. cit.*, p. 28-29.

moins abstraite que celle de son maître Anaximandre. Si pour lui le principe est encore l'Illimité, cet Illimité n'est plus le substrat indéfini, ni en quelque sorte l'Un ou la matière étendue dans sa généralité, mais un substrat défini, à savoir l'air. De plus, il faut noter que, touchant la stabilité de la terre, Anaximène se croit obligé de recourir à un support, l'air, revenant ainsi à la conception de Thalès. Ce choix s'explique par des raisons cosmologiques et anatomiques : l'air est l'élément dans lequel la terre et les astres, aplatis comme des couvercles, demeurent en suspens, il est aussi l'âme et la pensée. Cependant, Anaximène est le premier à rendre la cosmogonie milésienne cohérente. Thalès et Anaximandre expliquaient la totalité du monde par les transformations d'une substance unique, ce qui devait amener à penser toutes les différences comme purement quantitatives. Et, de fait, identifier l'Illimité à l'air et introduire la théorie de la raréfaction et de la condensation permet de considérer que toutes les diversités du monde sont dues à la présence d'une plus ou moins grande quantité de cette substance dans un espace donné tout en sauvant l'unité de la substance primordiale. Il n'est plus nécessaire de faire, comme le dit Aristote, de la substance primordiale quelque chose de distinct des éléments, elle peut tout aussi bien être l'un d'eux, le premier.

Né à Éphèse, non loin de Milet, au milieu du VIe siècle avant J.-C., Héraclite n'appartient pas à l'école milésienne, mais, tout en dépassant le monisme matérialiste de cette école, il en garde l'idée d'un principe unique fondamental, le feu. Déformée par ses critiques, Platon et Aristote, et par ceux qui revendiquent son héritage, les stoïciens, sa pensée est d'autant plus difficile à interpréter que tous s'accordent à reconnaître la forme énigmatique de ses déclarations. Héraclite pense trouver dans le feu un principe qui soit véritablement l'Un et qui en même temps fasse de l'Un non seulement la cause du mouvement, mais en quelque sorte la réalité du mouvement lui-même. Le cosmos est un feu dont certaines des parties sont éteintes et forment la terre et l'eau. Un feu toujours vivant qui est à la fois l'état premier et dernier de l'univers et ce qui pénètre toutes les parties qu'il a engendrées. Le feu n'est plus seulement considéré comme un élément originel, telle l'eau de Thalès, mais comme la source continuelle d'une lutte qui, ayant engendré le monde, est la condition même de son ordre.

Les *Stromates* de Clément d'Alexandrie ne jettent qu'une faible lueur sur la pensée cosmogonique d'Héraclite :

> Ce monde-ci [le même pour tous], nul des dieux ni des hommes ne l'a fait, mais il a toujours été, est et sera : feu éternel, s'allumant en mesure et s'éteignant en mesure. [...] Transformation du feu : d'abord mer, de la mer une moitié terre, une moitié souffle embrasée. [La terre] se dissout en mer, et est divisée selon la même proportion qu'elle possédait avant qu'elle devînt terre[1].

Et Aristote, dans son *Traité du ciel*, ne nous en dit pas beaucoup plus, si ce n'est qu'il précise le caractère cyclique des engendrements du monde :

> Tous déclarent que le ciel a été engendré. Mais ce monde engendré, les uns le disent éternel. D'autres le disent corruptible, au même titre que n'importe lequel des produits d'une composition. D'autres encore disent que, soumis à un rythme alternatif, il se trouve tantôt dans un état, tantôt dans un autre [quand il se corrompt], et que ce processus se poursuit sans fin ; telle est la conception d'Empédocle d'Agrigente et Héraclite d'Éphèse[2].

b) L'école de Pythagore

Les informations sur Pythagore et ses premiers disciples viennent essentiellement soit du pythagorisme renouvelé des dernières années de la République et des quatre premiers siècles

---

1. *Ibid.*, p. 153.

2. Aristote, *Traité du ciel*, I, 10 ; édition de Paul Moraux, Paris, Les Belles Lettres, 1965, p. 88.

de l'ère chrétienne, soit des néo-platoniciens. Malheureusement, ces transmissions laissent plus de place au merveilleux qu'à la critique historique: on y apprend ainsi que Pythagore est fils d'Apollon ou d'Hermès, qu'il est un être surhumain, qu'il est descendu aux enfers et en est remonté, et qu'il a une cuisse en or. De plus, elles manifestent la tendance fâcheuse à enrichir l'ancien pythagorisme de tout l'apport de la philosophie postérieure, particulièrement platonicienne et stoïcienne, et à tout ramener au maître, ou à perdre les apports successifs dans l'anonymat, ce qui complique les problèmes d'attribution. Que les premiers pythagoriciens aient été des philosophes de la nature, et qu'ils aient parlé du monde, n'est pas douteux, comme il n'est pas douteux qu'en prenant le nombre pour principe des choses et en cherchant une loi suprême dans une harmonie d'opposition par une méthode purement intellectuelle, sans empirisme, en tissant les liens entre les mathématiques et l'astronomie et en posant les fondements d'une métaphysique, ils aient en quelque sorte dépassé les milésiens. Mais ils restent célèbres surtout pour avoir formé une secte religieuse dont les membres étaient soumis à une règle de vie devant leur assurer purification et salut.

Si les témoignages sur Pythagore lui-même sont peu nombreux et incertains, en revanche il est évident que le pythagorisme a joui d'une grande continuité et d'une exceptionnelle pérennité. Parmi les premiers pythagoriciens qui se préoccupèrent du ciel, il faut citer Pétron, qui professa la pluralité des mondes. Le caractère pythagoricien de sa doctrine est nettement marqué par la disposition en triangle des cent quatre-vingt-trois mondes[1]. L'ouvrage de Pétron dont on garde une faible trace grâce à Plutarque est perdu, tout comme le sens de la théorie qu'il y développait. Il devait s'agir d'une recherche à la fois esthétique, numérique et géométrique, si l'on en juge d'après ce triangle équilatéral, qui s'identifie à la lettre grecque *delta*, qui pour les Grecs est tout à la fois le nombre 5, l'univers et dieu.

1. Cf. *Les Présocratiques*, *op. cit.*, p. 72.

Il est intéressant de noter également que le nombre de mondes qui s'alignent sur chacun des côtés, à savoir 60, est le produit de 12 par 5, qui rappelle la construction pythagoricienne de douze pentagones dans la sphère.

c) Empédocle

De ce maigre bilan émerge un philosophe de la nature singulier : Empédocle. Si on connaît assez bien la personnalité de cet aristocrate d'Agrigente, qui s'est voulu proche du peuple, on sait peu de choses de sa vie, si ce n'est qu'elle s'est déroulée en Sicile entre les dix premières années du ve siècle et 430 environ. Se croyant investi d'une mission et de pouvoirs surnaturels, il tient à fonder une physique qui nous permette non seulement d'accéder à la vérité des choses, mais de régner sur elles par des moyens magiques. La pensée d'Empédocle semble avoir subi au moins trois influences, celle du pythagorisme, celle de l'éléatisme et celle, opposée, d'Héraclite. Son apport le plus évident et le plus reconnu à la physique est l'abandon de la matière unique de la physique ionienne pour lui substituer quatre « racines ». Ces racines sont la substance éternelle des choses, identiques à elles-mêmes, parménidéennes : elles sont ce qu'elles ont toujours été et ce qu'elles seront toujours[1].

Comme le souligne Aristote, Empédocle est le premier à introduire la division de la cause, en posant l'existence non d'un principe unique du mouvement, mais de principes doubles et contraires – l'Amour, unifiant, et la Haine, séparatrice –, et le premier également à parler de la constitution du monde à partir de quatre éléments de nature matérielle[2] ; même si, encore imprégné de pensée mythologique, Empédocle associe le feu à Zeus, l'air à Héra, la terre à Aidônéus et l'eau à Nestis, « aux

1. Cf. *Empédocle*, J. Bollack, vol. 2, *Les Origines*, édition et traduction des fragments ; vol. 3, *Commentaires*, Paris, Éditions de Minuit, 1969.
2. Cf. Aristote, *Métaphysique*, A, IV, 985 a 21.

pleurs dont les mortels s'abreuvent», il ouvre la voie aux philosophes de la nature : ses quatre racines, qui avec Platon prendront le nom d'«éléments», plus tard enrichis d'un cinquième (l'éther, ou quintessence), resteront les constituants du monde jusqu'à la fin du XVIIIe siècle – l'éther, lui, ne disparaissant de la physique qu'au début du XXe !

d) L'atomisme

L'œuvre de Leucippe et de Démocrite, de l'école d'Abdère, est le couronnement de la philosophie grecque avant Platon. L'élaboration de l'atomisme ancien, commencée par Leucippe, s'achève, vers 440 avant J.-C., avec Démocrite. Si Démocrite est considéré comme le fondateur de l'école d'Abdère, dont il était natif, il est difficile de séparer sa contribution à la théorie atomiste de celle de Leucippe, et il est tentant, comme le fit Aristote, de les «réunir». Ainsi, par exemple, *Le Grand Système du monde* est communément attribué à Démocrite, tandis que Diogène Laërce[1] mentionne que les disciples de Théophraste l'attribuent à Leucippe, qui est reconnu comme le fondateur de l'atomisme, en réponse aux théories des Éléates.

Pour les atomistes, l'Être est une multiplicité infinie d'éléments qui se meuvent dans le vide et qui sont si petits qu'ils échappent à nos sens. Lorsque ces atomes se rencontrent, s'unissant par contact, ils produisent la génération, et lorsqu'ils se séparent, la corruption. Les Abdéritains espèrent ainsi, par l'infinité des atomes impassibles, tout à la fois sauver l'Un immuable de Parménide, éternellement identique à lui-même, et rendre compte de la multiplicité d'un monde que l'observation révèle en perpétuel changement.

1. Diogène Laërce, philosophe épicurien et doxographe, né à Laërte en Cilicie ; actif dans la seconde moitié du IIe siècle, on lui doit la seule histoire complète de la philosophie de l'Antiquité : *Vies, doctrines et sentences des philosophes illustres.*

L'univers lui-même est peuplé d'une infinité de mondes. Pour former chacun d'eux, les atomes se rassemblent dans un grand vide : les corps atomiques, étant dotés de mouvements aléatoires et se mouvant continûment, se conglomèrent en un même lieu ; une fois ainsi assemblés, les plus grands et aussi les plus lourds occupent la position la plus basse, tandis que les petits, arrondis, lisses et glissants, sont chassés vers la région céleste. Puis, quand la force d'expulsion décroît du fait de l'éloignement et se borne à s'opposer à leur retombée, ceux-ci restent à la périphérie.

Mais l'atomisme, bien qu'étouffé par l'impérialisme de la physique d'Aristote, est mieux connu que toute autre théorie physique présocratique grâce à Épicure et à Lucrèce.

Épicure, né en 341 avant notre ère dans l'île de Samos, aurait, dès l'âge de quatorze ans, suivit à Téos l'enseignement d'un disciple de Démocrite, Nausiphanès. Puis il serait venu en 306 à Athènes pour y fonder son école, le Jardin. Il y demeura jusqu'à sa mort, survenue en 270. Si l'œuvre d'Épicure est gigantesque – on parle de trois cents volumes –, presque rien ne nous en est parvenu : trois lettres qui parlent d'éthique, de physique, d'astronomie et de cosmologie ! Pour le reste, de courts fragments cités pour mieux les critiquer et des extraits de lettres rassemblés par Sénèque. Enfin, heureusement, des papyrus retrouvés en 1752 dans les ruines d'une villa d'Herculanum nous ont livré des fragments de neuf des trente-sept livres que comptait son grand traité, *De la nature*. Ce peu de choses sauvées et l'ouvrage de Lucrèce, du même titre, nous permettent de reconstituer la pensée cosmologique d'Épicure. La foi de ce dernier en la possibilité de connaître le monde repose sur les sensations : c'est par la sensation que nous appréhendons le réel et c'est à elle que nous devons faire confiance plutôt qu'à la raison, qui en dépend et ne s'exerce que sur ses données.

Lucrèce, puisque c'est à lui qu'il faut s'adresser, est né aux environs de l'an 95 avant notre ère. Il est l'auteur du grand poème *De natura rerum*, l'exposé le plus complet et le plus cohérent que nous ayons de la doctrine épicurienne, donc de l'atomisme de l'école d'Abdère.

Ni Dieu ni causes finales dans l'univers des atomistes :

> Car certes ce n'est pas en vertu d'un plan arrêté, d'un esprit clairvoyant que les atomes sont venus se ranger chacun à leur place ; assurément ils n'ont pas combiné entre eux leurs mouvements respectifs ; mais après avoir subi mille changements de mille sortes à travers le tout immense, heurtés, déplacés de toute éternité par des chocs sans fin, à force d'essayer des mouvements et des combinaisons de tout genre, ils en arrivent enfin à des arrangements tels que ceux qui ont été créés et constituent notre univers ; et c'est en vertu de cet ordre, maintenu à son tour durant de longues et nombreuses années une fois qu'il eut abouti aux mouvements convenables[1].

Le monde naît du hasard et de la nécessité.

On comprend que les théologiens de tout poil, et particulièrement ceux de l'Occident chrétien, aient rejeté, déconsidéré, condamné et mis sous le boisseau les théories atomistes, qui ne devaient réapparaître qu'au XVIIe siècle, à l'aube de la science moderne.

e) L'école stoïcienne

De Zénon de Citium, né vers 330 avant notre ère, qui la fonda, à Marc Aurèle, mort en 180 après J.-C., l'école stoïcienne perdurera plus de cinq siècles. Zénon, qui auparavant a fréquenté le philosophe cynique Cratès de Thèbes, ouvre sa propre école, le Portique, vers 300, à Athènes. Il rompt très vite avec les cyniques, qui, opposant nature et civilisation, méprisent les sciences de la nature, alors que lui voit dans la culture le développement même de la nature. Pour Zénon, le sage est celui qui

---

1. Lucrèce, *De la nature*, édition de A. Ernout, Paris, Les Belles Lettres, 1972, I, 1021-1031, p. 38.

vit en harmonie avec la nature, qu'une émanation divine pénètre et qu'un souffle igné anime. La philosophie stoïcienne aboutit ainsi à une cosmologie vitaliste et instaure des liens étroits entre la physique et l'éthique. La théorie stoïcienne du monde se divise en deux parties. À la première recherche collaborent les mathématiciens : c'est celle qui concerne les étoiles fixes et les étoiles errantes (par exemple, le Soleil et la Lune ont-ils les dimensions qu'ils paraissent avoir ?) ; la seconde recherche sur le monde appartient aux seuls physiciens, qui se demandent quelle est sa substance, s'il est engendré ou non, s'il a une âme ou s'il est sans âme, s'il est corruptible ou incorruptible, s'il est gouverné par la providence. Pour eux, le monde est manifestement corruptible, or corruption et génération vont de pair, donc le monde est engendré. Certes, les stoïciens ne contestent pas que la substance du monde soit éternelle, comme l'affirme Aristote, mais ils constatent que l'érosion affecte la surface de la terre, que même les roches les plus dures s'usent, que la mer recule : que le monde change. Et déjà Zénon y décèle la preuve de l'existence de grands cycles cosmiques qui voient le monde se faire et se défaire, et dont le feu héraclitéen est le principe actif donnant naissance, par condensation, à l'air, qui lui-même donne naissance à l'eau, germe de toutes les choses et qui, par mélange avec les autres éléments, engendre les plantes, les animaux et tous les êtres ; puis, ayant repris le dessus, le feu assimile tous les autres éléments jusqu'à un embrasement final qui marque le terme d'une Grande Année cosmique, mais par ce feu vivifiant et par Dieu s'opérera le renouvellement du monde et renaîtront les mêmes choses. Quant à la grandeur du monde, en accord avec les péripatéticiens, et contre les atomistes, les stoïciens l'imaginent finie. Toutefois, distinguant espace physique et espace géométrique, le monde selon eux est une bulle finie qui flotte dans un espace idéal, vide, sans propriétés physiques, et infini.

II. La cosmogonie de Platon

Miracle ou juste conséquence d'une célébrité tôt acquise, la quasi-totalité de l'œuvre de Platon nous est parvenue. Si l'on excepte l'*Apologie de Socrate*, où la part du dialogue est pratiquement nulle, le *Timée* et le *Critias*, où elle est très réduite, tous ses écrits sont des dialogues. Une telle forme littéraire est l'équivalent des entretiens familiers qui s'établissaient entre le maître et les élèves mais, plus profondément, elle est l'expression immédiate de la méthode philosophique que Platon a héritée de Socrate : la dialectique, méthode qui consiste à s'entretenir avec l'autre, ou avec soi-même, jusqu'à ce que, sur chaque point de la question envisagée, on soit parvenu à un accord effectif entre soi, ou avec soi, sur ce que l'on cherche ; et ainsi progresser, d'accord en accord, jusqu'à un accord qui ne dépende plus d'un autre plus élevé – encore que ce but idéal ne soit pas souvent atteint.

Le *Timée*, entretien qui se déroule entre Socrate, Critias, Hermocrate et Timée, devait être le premier texte d'une trilogie. Il est continué par un dialogue inachevé, le *Critias*, qui aurait dû être lui-même suivi d'un *Hermocrate* qui, selon toute vraisemblance, n'a jamais été écrit. C'est une œuvre de la dernière période, rédigée probablement entre 358 et 356. Mais à quelle époque Platon situe-t-il son dialogue ? D'après le texte lui-même, on sait que l'entretien se déroule durant les panathénées, sans que l'année soit précisée ; vraisemblablement toutefois entre 430 et 425 : cette période rend plausible la présence à Athènes d'Hermocrate, ce général syracusain, adversaire acharné de la cité grecque, mort en 407. Thucydide le présente comme un homme d'une intelligence exceptionnelle et d'un courage remarquable. Critias, le futur dictateur de la tyrannie des Trente, que Sparte imposera à Athènes en 404, aurait alors été âgé de vingt-cinq à trente ans, et Socrate de quarante à quarante-cinq. Pour ce qui est de Timée, on ne sait de lui que ce qu'en dit Socrate au début du dialogue :

> Timée que voici, qui vient de la cité de Locres en Italie, où, par la fortune et par la naissance, il n'est inférieur à personne, s'est vu dans sa cité confier les plus hautes charges et décerner les plus grands honneurs ; en outre, il s'est, à mon sens, élevé aux sommets de la philosophie en son ensemble[1].

Certes le *Timée* narre la naissance du monde, certes il est une cosmogonie, mais cette œuvre a une ambition plus haute : le modèle cosmogonique introduit l'apparition de l'être humain et la constitution de cette cité idéale qu'Athènes n'était pas et que Platon rêva d'établir en Sicile. C'est pourquoi le *Timée* parle d'astronomie, mais aussi de physique, de chimie, de biologie, de médecine et de politique.

En dépit ou peut-être en raison de ses obscurités, la fortune du *Timée* à travers les siècles est partagée avec bien peu d'autres textes de l'Antiquité. Pour les disciples immédiats de Platon, il est l'œuvre capitale du maître. Crantor[2] en a rédigé un commentaire disparu. Speusippe[3] et Xénocrate[4] en ont discuté de nombreux passages. Aristote s'y réfère souvent ; les stoïciens l'ont étudié ; Épicure a consacré un livre entier à le réfuter. Les philosophes et les savants de l'école d'Alexandrie l'ont admiré.

1. Platon, *Timée*, 20a, traduction de Luc Brisson, Paris, GF-Flammarion, 1992, p. 103.

2. Crantor (*c*. 335-*c*. 275), élève de Xénocrate, est un des successeurs de Platon à la tête de l'Académie.

3. Speusippe (*c*. 407-339), philosophe athénien qui, en 347, succéda à Platon à la tête de l'Académie.

4. Xénocrate, disciple de Platon qui dirigea l'Académie de 339 à 314.

Plutarque en a discuté des passages étendus et en a composé un commentaire partiel. Les savants chrétiens, musulmans ou juifs ont vénéré ce texte à l'égal de leurs livres canoniques. Les auteurs médiévaux l'invoquent constamment et s'appliquent, en vain, à concilier la cosmogonie du *Timée* avec le discours de la Genèse. Les philologues, les philosophes, les mathématiciens et les astronomes de la Renaissance vont déployer toutes les armes de leur science restaurée ou naissante pour tenter de déchiffrer le sens caché des fameux passages relatifs à l'âme du monde. Jusqu'au XVIIe siècle, le *Timée* restera un texte de référence qui influencera, entre autres, Galilée, Kepler et probablement, bien qu'il n'y renvoie pas explicitement, Descartes : dans les années 1630, il rédigera le *Traité du monde* qui, comme le *Timée*, est à la fois une théorie de la connaissance et une explication totale non seulement de la genèse et du fonctionnement du monde, mais aussi de son spectateur, l'homme, n'abordant pas toutefois l'organisation de la cité.

Cette fortune exceptionnelle, le *Timée* ne la doit pas, comme le *Phèdre*, la *République* ou surtout le *Banquet*, à la subtilité et au raffinement des dialogues platoniciens. C'est en effet à peine si l'on peut qualifier le *Timée* de « dialogue » : hormis le début jusqu'à la description de l'Atlantide, il n'est qu'un long monologue, parfois pesant, hésitant, toujours aride, un peu scolaire et souvent technique, qui se développe devant des partenaires muets. Le *Timée* reste un des livres les plus obscurs de l'Antiquité et cette obscurité a plus fait pour sa célébrité et sa pérennité que son caractère scientifique et positif. Beaucoup y ont cherché l'expression d'une sagesse perdue que Platon serait allé quérir chez les prêtres égyptiens et babyloniens, Albert Rivaud le dit fort bien dans l'édition qu'il en a faite : « Comme beaucoup de livres fameux, le *Timée* est surtout devenu populaire grâce aux contresens pieux de ses lecteurs[1]. »

1. Cf. Platon, *Timée*, traduction de A. Rivaud, Paris, Les Belles Lettres, 1970, p. 4.

Parmi les sources du *Timée*, les plus anciennes et les plus souvent citées sont les mathématiques et la biologie pythagoriciennes. Certes, le *Timée* suppose la connaissance de la théorie des quantités irrationnelles, que l'on doit à Théodore de Cyrène (v. 465-399), pythagoricien, disciple de Protagoras. Il suppose aussi, bien sûr, la connaissance du théorème de Pythagore. Mais nombre des théories mathématiques qui en étayent la cosmogonie ont été élaborées dans l'entourage même de Platon : la construction des polyèdres réguliers est l'œuvre de Théétète (v. 417-369), étudiant à l'Académie, et la théorie des proportions arithmétiques, géométriques et harmoniques est celle d'Archytas de Tarente[1], qui fréquenta l'Académie. Même si la science platonicienne est à l'opposé de celle des atomistes, l'influence de ces derniers sur la théorie de la naissance des éléments constitutifs du monde et sur celle des mécanismes de la sensation semble évidente. Mais les voies de cette influence sont d'autant plus incertaines que Platon ne cite jamais ni Leucippe ni Démocrite, et que le problème de la diffusion et même de la datation des écrits atomistes reste ouvert.

Le monde de Platon n'existe pas de toute éternité, il a eu un commencement : le cœur du *Timée* est une cosmogonie. Le monde est né parce que toute chose appréhendée par la sensation est soumise à la naissance et au devenir ; or le monde est visible et tangible et il est appréhendé par la sensation. Or tout ce qui est né est nécessairement né sous l'action d'une cause déterminée. Et puisque le monde est beau, il faut que l'artisan soit bon, mais si l'artisan est bon et même divin, cependant il n'est ni omnipotent ni libre, comme le Dieu de la Genèse : le regard fixé sur un modèle éternel et parfait, il devra besogner, tâtonner, pour tenter d'en faire une copie la meilleure possible.

1. On doit à Archytas de Tarente (*c.* 430-*c.* 348), dernier des grands pythagoriciens, d'importantes contributions à la théorie des nombres, à la géométrie, à la musique et à la mécanique ; la légende veut qu'il ait fabriqué une colombe qui volait.

Car la réalité, selon Platon, comprend deux domaines séparés : le monde des formes intelligibles pures, éternelles, immuables et simples ; et le monde des choses perceptibles par les sens, qui se trouvent dans le temps, qui ne cessent de changer, qui sont complexes. Il est donc absolument nécessaire que ce monde-ci soit l'image de quelque autre monde, ce qui entraîne la question de l'unicité du monde que nous observons.

Il y a un seul monde, puisqu'il a dû être construit à l'imitation du modèle. En effet, ce modèle qui enferme tout ce qu'il y a de Vivants intelligibles ne peut jamais être à la seconde place, venir après un autre. Car alors il faudrait encore un autre Vivant, celui qui envelopperait ces deux mondes-là et dont, à leur tour, ceux-là seraient parties. En ce cas, ce n'est d'aucun des deux premiers, mais de celui qui les envelopperait, qu'il serait plus exact de dire que notre monde est la copie. Afin que ce monde fût semblable, par son unité, au Vivant absolu, celui qui a fait le monde n'a fait ni deux mondes ni une infinité de mondes. Mais ce ciel est un, seul de son espèce. Tel il est né et tel il continuera d'être.

Ce monde unique, de quoi est-il composé et comment a-t-il été composé ? Évidemment, il faut que ce qui naît soit corporel et, par suite, visible et tangible. Et nul être visible ne pourrait naître tel s'il était privé de feu ; nul être tangible ne pourrait naître tel sans quelque solide, et il n'existe pas de solide sans de la terre. De là vient que le dieu, commençant la construction du corps du monde, a d'abord, pour le former, pris du feu et de la terre. Mais que deux termes forment seuls une belle composition, cela n'est pas possible. Il en faut un troisième. Car il faut qu'au milieu d'eux il y ait quelque lien qui les rapproche. Si donc le corps du monde avait dû être un plan n'ayant aucune épaisseur, une proportion (ou médiété) unique eût suffi à la fois à se donner l'unité et à la donner aux termes qui l'accompagnent. Mais, en fait, il convenait que ce corps fût solide, et pour harmoniser des solides une seule médiété n'a jamais suffi, il en faut toujours deux. Ainsi, le dieu a placé l'air et l'eau au milieu, entre le feu et la terre, et il a disposé ces éléments autant qu'il est possible dans le même rapport les uns à l'égard des autres, de façon que ce que le feu est à l'air, l'air le fût à l'eau, et ce que l'air est à l'eau, l'eau le fût à la terre. De la sorte, il a façonné un ciel à la fois visible et tangible. Par ces procédés et à l'aide de ces corps ainsi définis et au nombre de quatre, a été engendré le corps du monde. Il faut noter que Platon emprunte à Empédocle la théorie des quatre éléments constitutifs du monde, mais il leur associe les figures de quatre des cinq polyèdres réguliers : au feu revient le tétraèdre (4 faces) ; à la terre, le cube (6 faces) ; à l'air, l'octaèdre (8 faces) ; à l'eau, l'icosaèdre (20 faces). Le dernier des cinq polyèdres réguliers, le dodécaèdre (12 faces), est attribué au Tout.

Mais quelle forme le démiurge a-t-il donné au monde ? Quant à sa figure, il lui a donné celle qui lui convient le mieux et qui a de l'affinité avec lui. Or, au Vivant qui doit contenir en lui-même tous les vivants, la figure qui convient est celle qui comprend en elle-même toutes les figures possibles. C'est pourquoi le dieu a tourné le monde en formes sphérique et circulaire, les distances étant partout égales depuis le centre jusqu'aux extrémités. C'est là de toutes les figures la plus parfaite et la plus complètement semblable à elle-même. En effet, le dieu pensait que le semblable est mille fois plus beau que le dissemblable. Quant à sa surface extérieure, il l'a très exactement polie et arrondie. Que, parmi les corps ayant une surface donnée, la sphère est celui qui a le plus grand volume est une propriété utilisée de l'Antiquité à la Renaissance pour justifier la sphéricité du ciel qui doit contenir toutes les choses. Zénodore est le premier (probablement au début du IIe siècle avant notre ère) à avoir correctement formulé cette propriété, qui a été admise depuis lors par tous les astronomes mais n'a été démontrée rigoureusement qu'en 1884 par le mathématicien allemand H.A. Schwarz.

Et quel mouvement le démiurge a-t-il donné au monde ? Il lui a donné le mouvement corporel qui lui convenait, celui des sept mouvements qui concerne principalement l'intellect et la réflexion. C'est pourquoi, lui imprimant sur lui-même une révolution uniforme dans le même lieu, il l'a fait se mouvoir d'une rotation circulaire ; il l'a privé des six autres mouvements et il l'a empêché d'errer parmi eux.

Enfin, quand le démiurge eut engendré le monde, il s'efforça de le rendre plus semblable encore à son modèle – un Vivant éternel – en lui donnant une âme et l'éternité. Or c'est la substance du Vivant modèle qui se trouvait être éternelle, nous l'avons vu, et cette éternité, l'adapter entièrement à un monde engendré était impossible. C'est pourquoi son auteur s'est préoccupé de fabriquer une certaine imitation mobile de l'éternité, et, tout en organisant le ciel, il a fait de l'éternité immobile et une cette image éternelle qui progresse suivant la loi des nombres, cette chose que nous appelons le « temps ». En effet, les jours et les nuits, les mois et les saisons n'existaient point avant la naissance du ciel, mais leur naissance a été ménagée en même temps que le ciel a été construit. Or, en vérité, l'expression « est » ne s'applique qu'à la substance éternelle. Au contraire, « était », « sera » sont des termes qu'il convient de réserver à ce qui naît et progresse dans le temps. Car ce ne sont que des changements, mais ce qui est toujours immuable et inchangé, cela ne devient ni plus vieux ni plus jeune avec le temps, et jamais cela ne fut, ni ne devient actuellement, ni ne sera dans le futur. Au ciel et à ses étoiles fixes, à la rotation uniforme, le démiurge dut ajouter les astres errants. En vertu de ce raisonnement et de cette intention divine concernant la naissance du temps, le Soleil, la Lune et les cinq autres astres, ceux qu'on appelle « errants », sont nés pour définir les nombres du temps et en assurer la conservation. Ayant façonné le corps de chacun d'eux, le dieu les a placés, au nombre de sept, dans les sept orbes que décrit la substance de l'Autre : la Lune, d'abord, dans le premier à l'entour de la Terre, puis le Soleil dans le deuxième au-dessus de la Terre, puis l'astre du matin – Vénus – et celui qui est consacré à Hermès – Mercure –, de telle sorte qu'ils parcourent leurs cercles avec une vitesse égale à celle du Soleil mais reçoivent une impulsion de direction contraire à la sienne, et enfin Mars, Jupiter et Saturne.

Pour fabriquer le monde, le démiurge disposait d'un espace-matériau. Cet espace-matériau – la *khôra* – est éternel, il existait avant que l'artisan divin n'en tire le monde : il est ce en quoi se trouvent les choses sensibles et ce de quoi elles sont faites (« De tout devenir, c'est elle [la *khôra*] le réceptacle et la nourrice[1] »). Énigmatique entité que l'on retrouvera dans la cosmogonie de Descartes et que Platon lui-même a quelque difficulté à concevoir :

> La *khôra* fournit un emplacement à tous les objets qui y deviennent. Elle-même n'est perceptible que grâce à une sorte de raisonnement bâtard. [...] Nous l'apercevons comme dans un rêve, quand nous affirmons que tout être est forcément quelque part, en un certain lieu, occupe une certaine place et que ce qui ne devient ni sur la terre ni quelque part dans le ciel n'est rien du tout[2].

Pour que le démiurge tire le monde de la *khôra*, il fallait que celle-ci possède une propriété qui lui soit inhérente, une « cause » : l'*anagkê*. Cause que Platon qualifie d'« errante » parce que, mélange confus des quatre éléments constituants du monde sensible, elle représente un principe non rationnel qui s'oppose à l'ordre que le démiurge doit imposer à la *khôra*. Ultime limitation du pouvoir du créateur, l'*anagkê* continuant d'exercer sa malfaisance après la constitution du monde sensible, la *khôra* n'a été ordonnée que dans la mesure du possible : il restera toujours un facteur de désordre dans le monde, et rien dans le *Timée* ne permet d'affirmer que le démiurge a réussi[3] !

1. *Timée*, 49a.
2. *Timée*, 52b.
3. On trouve une excellente présentation du *Timée* dans Luc Brisson et F. Walter Meyerstein, *Inventer l'univers*, Paris, Les Belles Lettres, 1991.

Une faiblesse de l'artisan divin qui, si l'œuvre de Platon, et en particulier le *Timée*, n'a jamais été oubliée par l'Occident chrétien, peut expliquer, en partie, le rejet par les Pères de l'Église de la « physique » platonicienne, encore qu'il eût suffi d'un petit coup de pouce pour assimiler le démiurge à Yahvé, alors que concilier le récit de la Genèse avec la cosmologie d'Aristote est une tâche désespérée. Quoi qu'il en soit, la philosophie péripatéticienne va régner sans partage sur la pensée occidentale jusqu'au XVIIe siècle, et puisque, pour Aristote, le monde existe identique à lui-même de toute éternité, un silence de deux mille ans va s'étendre sur la cosmogonie.

III. Les premières cosmogonies rationnelles

1. Descartes

Si les sources de la cosmogonie se perdent dans les brumes de la préhistoire, du moins peut-on assigner une époque aux commencements de la cosmogonie scientifique : les premières décennies du XVIIe siècle. En 1664, Jacques Le Gras, libraire à Paris, publiait un petit in-8 : *Le Monde de Monsieur DESCARTES, ou le Traité de la lumière. Et des autres principaux objets des sens.* Descartes était mort depuis quatorze ans. Il avait composé cet ouvrage entre les années 1629 et 1633. Tout avait commencé après que Descartes eut pris connaissance de l'observation de faux soleils – parhélies ou chiens du Soleil – par le père Scheiner[1], à Frascati le 20 mars 1629. Le cardinal Barberini, qui deviendra pape sous le nom d'Urbain VIII, en avait aussitôt envoyé une description à Peiresc[2]. Celui-ci en tira plusieurs copies qu'il distribua aux savants. Gassendi[3],

1. Christoph Scheiner (1575-1650), mathématicien et astronome allemand, fut un des premiers à observer les taches solaires, à Ingolstadt, en mai 1611 ; il publia à la fin de cette même année les *Lettres sur les taches solaires*, sous le pseudonyme d'Apelle.

2. Nicolas-Claude Fabri de Peiresc (1580-1637), astronome français, découvrit, en novembre 1610, la nébuleuse d'Orion ; dès 1634, avec Gassendi, il tenta de dresser un atlas de la Lune.

3. Pierre Gassend, dit Gassendi (1592-1655), philosophe, astronome et physicien français. Il observa, en novembre 1631, le passage de Mercure devant le Soleil que Kepler avait prédit.

qui voyageait alors en Hollande, en reçut une ; il était venu à Amsterdam rencontrer deux amis de Descartes : Waessenaer, médecin, et Henry Reneri, et leur avait promis en partant pour Utrecht, le 10 juillet, une description du phénomène avec le discours envoyé de Rome, augmentés de sa propre explication. Waessenaer et Reneri reçurent d'abord la description ; ce dernier l'envoya aussitôt à Descartes en lui demandant son explication, afin de la comparer avec celle qu'il attendait de Gassendi.

Descartes consacre rapidement toute son activité à l'étude de ce problème ; le 8 octobre 1629, il écrit au père Mersenne[1] :

> Ce que j'ai éprouvé depuis peu, en cherchant la cause de ce phénomène duquel vous m'écrivez ; car il y a plus de deux mois qu'un de mes amis m'en a fait voir ici une description assez ample, et m'en ayant demandé mon avis, il m'a fallu interrompre ce que j'avais en main, pour examiner par ordre tous les météores. [...] Mais je pense maintenant en pouvoir rendre raison et suis résolu d'en faire un petit traité qui contiendra la raison des couleurs de l'arc-en-ciel, lesquelles m'ont donné plus de peine que tout le reste. [...] Je n'ai pas encore commencé à écrire et je ne me hâte pas. Au reste je vous prie de n'en parler à personne du monde, car j'ai résolu de l'exposer en public, comme un échantillon de ma Philosophie, et d'être caché derrière le tableau pour écouter ce qu'on en dira[2].

Le projet, modeste au départ, prend rapidement de l'ampleur. Dès le 13 novembre de la même année, Descartes en informe Mersenne :

1. Marin Mersenne (1588-1648), philosophe, mathématicien et physicien français. Il a laissé une correspondance importante avec tous les savants de l'époque ; il organisa une rencontre entre Descartes et Pascal dont il ne reste malheureusement aucune trace.

2. *Œuvres de Descartes*, édition de Charles Adam et Paul Tannery (désormais notée AT), Paris, 1897-1909, vol. I, p. 25.

> Je suis bien marri de la peine que je vous ai donnée de m'envoyer ce Phénomène, car il est tout semblable à celui que j'avais vu. Je ne laisse pas de vous en avoir très grande obligation, et encore plus de l'offre que vous me faites de faire imprimer ce petit traité que j'ai dessein d'écrire ; mais je vous dirai qu'il ne sera pas prêt de plus d'un an. Car depuis le temps que je vous avais écrit il y a un mois, je n'ai rien fait du tout qu'en tracer l'argument, et au lieu d'expliquer un phénomène seulement, je me suis résolu d'expliquer tous les phénomènes de la nature, c'est-à-dire toute la Physique[1].

Rien de moins – et à quoi, dès avril 1630, il songe ajouter un traité de l'homme[2] !

Il semble qu'au début de l'année 1632 l'ouvrage soit très avancé. Le 3 mai, Descartes écrit à Mersenne :

> Je ne saurais dire quand je vous enverrai mon Monde ; car je le laisse maintenant reposer, afin de pouvoir mieux reconnaître mes fautes, lorsque je le voudrai mettre au net[3].

Enfin, en novembre 1633, il renonce à publier son *Monde* : l'affaire Galilée vient d'éclater. Il s'en explique auprès du père Mersenne :

> J'en étais à ce point, lorsque j'ai reçu votre dernière de l'onzième de ce mois, et je voulais faire comme les mauvais payeurs, qui vont prier leurs créanciers de leur donner un peu de délai, lorsqu'ils sentent approcher le temps de leur dette. En effet je m'étais proposé de vous envoyer mon Monde pour ces étrennes, et il n'y a pas moins de quinze jours que j'étais encore tout résolu de vous en envoyer au moins une partie, si le tout ne pouvait être transcrit en ce temps-là ; mais je vous dirai que, m'étant fait enquérir ces jours à Leyde et à Amsterdam

---

1. *Ibid.*, p. 69 *sq.*
2. *Ibid.*, p. 135 *sq.*
3. *Ibid.*, p. 248.

> si le *Système du Monde* de Galilée n'y était point, à cause qu'il me semblait avoir appris qu'il avait été imprimé en Italie l'année passée, on m'a mandé qu'il était vrai qu'il avait été imprimé, mais que tous les exemplaires avaient été brûlés à Rome au même temps, et lui condamné à quelque amende : ce qui m'a si fort étonné, que je me suis quasi résolu de brûler tous mes papiers ou du moins de ne les laisser voir à personne. Car je ne me suis pu imaginer que lui, qui est Italien et même bien voulu du Pape, ainsi que j'entends, ait pu être criminalisé pour autre chose, sinon qu'il aura voulu établir le mouvement de la Terre ; lequel je sais bien avoir été autrefois censuré par quelques Cardinaux, mais je pensais avoir ouï dire que depuis on ne laissait pas de l'enseigner publiquement, même dans Rome ; et je confesse que, s'il est faux, tous les fondements de ma Philosophie le sont aussi, car il se démontre par eux évidemment. Et il est tellement lié avec toutes les parties de mon *Traité*, que je ne l'en saurais détacher, sans rendre le reste tout défectueux. Mais comme je ne voudrais pour rien du monde qu'il sortît de moi un discours, où il se trouvât le moindre mot qui fût désapprouvé de l'Église, aussi aimé-je mieux le supprimer, que de le faire paraître estropié. Je n'ai jamais eu l'humeur portée à faire des livres, et si je ne m'étais engagé de promesse envers vous et quelques autres de mes amis, afin que le désir de vous tenir parole m'obligeât d'autant plus à étudier, je n'en fusse jamais venu à bout[1].

C'est donc dans un climat tendu que l'astronomie nouvelle, issue de l'œuvre de Copernic, va prendre son essor, et la cosmogonie restera l'un des terrains privilégiés de l'affrontement, même si rapidement les combats seront plus feutrés que ceux qui menèrent Galilée devant le Saint-Office. Il suffit, pour s'en convaincre, d'observer aujourd'hui l'âpreté de la polémique sur l'expansion de l'univers et surtout sur l'hypothèse du big-bang. Si les astronomes n'entrent plus directement en compétition avec les théologiens, la cosmogonie reste le chapitre de

1. *Ibid.*, p. 270-271.

l'astronomie où les *a priori* philosophiques, qu'ils soient liés à une métaphysique religieuse ou à une dialectique matérialiste, sont les plus prégnants. Le fil qui relie la théorie à l'observation est, en ce domaine, si ténu qu'il est toujours prêt à se rompre. Les plages d'ombre sont si nombreuses et si étendues, celles de lumière si lacunaires et si incertaines, que le danger de voir la spéculation non scientifique venir combler les vides est permanent. Pourtant la cosmogonie est une science, même si, comme l'a dit Poincaré[1] :

> nous devrions peut-être attendre pour chercher une solution que nous en ayons patiemment rassemblé les éléments, et que nous ayons acquis par là quelque espoir sérieux de la trouver ; mais si nous étions si raisonnables, si nous étions curieux sans impatience, il est probable que nous n'aurions jamais créé la science[2].

Descartes devait être parmi les plus impatients.

Pour lui, aucun vide dans l'univers, mais trois éléments et trois sortes de corps. Le premier élément est le feu. Il le conçoit comme la liqueur la plus subtile et la plus pénétrante qui soit au monde. L'impétuosité de son mouvement est suffisante pour qu'il soit divisé, en toutes façons et en tous sens, par la rencontre des autres corps, et pour que ses parties changent de figure à tout moment pour s'accorder à celle des lieux où cette liqueur pénètre ; ainsi, point de passage si étroit ni d'angle si petit où cet élément ne puisse s'infiltrer et qu'il ne remplisse exactement sans difficulté. Le deuxième élément est l'air, qui, s'il est subtil comparé au troisième, exige qu'on attribue quelque grosseur et quelque figure à chacune de ses parties, si l'on désire le comparer au premier. Ses parties doivent être

1. Henri Poincaré (1854-1912), mathématicien français.

2. H. Poincaré, *Leçons sur les hypothèses cosmogoniques*, Paris, Librairie scientifique A. Hermann et fils, 1911, p. v ; ces leçons, professées à la Sorbonne, ont été rédigées par Henri Vergne.

à peu près rondes et jointes entre elles comme des grains de sable ; elles ne sont ni si bien agencées ni tellement pressées que ne demeurent autour d'elles de petits intervalles entre lesquels il est aisé au premier élément de se glisser. Enfin, le dernier élément est la terre, et il faut le concevoir comme une ou plusieurs grosses masses dont les parties n'ont que fort peu ou point du tout de mouvement qui les fasse changer de situation les unes par rapport aux autres.

Quant aux corps de l'univers, ils sont aussi au nombre de trois, qui se classent selon leur relation à la lumière. Tout d'abord, il y a ceux qui brillent, comme le Soleil et les étoiles ; puis ceux qui sont transparents, comme les cieux ; enfin, ceux qui, comme la Terre, les planètes et les comètes, sont opaques. L'importance du thème de la lumière dans la physique cartésienne est attestée, dans le texte même du *Monde*, par sa phrase inaugurale : « Me proposant de traiter ici de la lumière[1] », ou encore par celle qui termine le chapitre II : « La lumière [...] c'est en ceci que consiste la principale partie principale mon dessein[2]... ». La correspondance de Descartes confirme cette importance. Ainsi, la lettre à Vatier du 22 février 1638, où il affirme :

> J'ai bien pensé que ce que j'ai dit avoir mis en mon *Traité de la lumière*, touchant la création de l'univers, serait incroyable. [...] et en effet à cause que le traité qui contient tout le corps de ma physique porte le nom *De la lumière*, et qu'elle est la chose que j'y explique le plus amplement et le plus curieusement de toutes, je n'ai point voulu mettre ailleurs les mêmes choses que là[3].

1. Descartes, *Le Monde, l'Homme*, édition d'Annie Bitbol-Hespériès et Jean-Pierre Verdet, Paris, Seuil, 1996, p. 9 ; AT, vol. XI, p. 3.

2. *Le Monde, l'Homme*, éd. citée, p. 12 ; AT, vol. XI, p. 10.

3. *Correspondance de Descartes*, édition et notes de Ch. Adam et G. Milhaud, Paris, F. Alcan, puis PUF, 1936-1963.

Une importance que confirme le *Discours de la méthode*. Au début de la 5e partie, Descartes écrit :

> Mais, tout de même que les peintres, ne pouvant également bien représenter dans un tableau plat toutes les diverses faces d'un corps solide, en choisissent une des principales qu'ils mettent seule vers le jour, et ombrageant les autres ne le faisant paraître qu'en tant qu'on les peut voir en la regardant, ainsi, craignant de ne pouvoir mettre en mon discours [le *Monde*] tout ce que j'avais en la pensée, j'entrepris d'y exposer seulement ce que je concevais de la lumière ; puis, à son occasion, d'y ajouter quelque chose du soleil et des étoiles fixes, à cause qu'elle en procède presque toute ; des cieux, à cause qu'ils la transmettent ; des planètes, des comètes et de la terre, à cause qu'ils la font réfléchir ; et en particulier de tous les corps qui sont sur la terre, à cause qu'ils sont ou colorés, ou transparents ou lumineux ; et enfin de l'homme, à cause qu'il en est le spectateur[1].

De ces prémisses, Descartes pense pouvoir déduire que le Soleil et les étoiles n'ont point d'autre forme que celle du premier élément ; les cieux, que celle du deuxième ; la Terre et les planètes, que celle du troisième. Le cosmogoniste dispose maintenant de la matière première dont tous les corps de l'univers sont faits ; par l'observation, il en connaît la structure et les lois ; il ne lui reste plus qu'à générer un monde et à montrer que celui-ci est tout semblable au nôtre. La description de ce nouveau monde peut commencer :

> Permettez donc pour un peu de temps à votre pensée de sortir hors de ce Monde pour en venir voir un autre tout nouveau que je ferai naître en sa présence dans les espaces imaginaires. Les philosophes nous disent que ces espaces sont infinis et ils doivent bien en être crus puisque ce sont eux-mêmes qui les ont faits. Mais afin que cette infinité ne nous empêche et

1. Descartes, *Discours de la méthode*, AT, vol. VI, p. 41-42.

> ne nous embarrasse point, ne tâchons pas d'aller jusques au bout ; entrons-y seulement si avant que nous puissions perdre de vue toutes les créatures que Dieu fit il y a cinq ou six mille ans ; et après nous être arrêtés là en quelque lieu déterminé, supposons que Dieu crée de nouveau tout autour de nous tant de matière que, de quelque côté que notre imagination se puisse étendre, elle n'y aperçoive plus aucun lieu qui soit vide. Bien que la mer ne soit pas infinie, ceux qui sont au milieu sur quelque vaisseau peuvent étendre leur vue, ce semble, à l'infini ; et toutefois, il y a encore de l'eau au-delà de ce qu'ils voient. Ainsi, encore que notre imagination semble se pouvoir étendre à l'infini et que cette nouvelle matière ne soit pas supposée être infinie, nous pouvons bien toutefois supposer qu'elle remplit des espaces beaucoup plus grands que tous ceux que nous aurons imaginés. Et même afin qu'il n'y ait rien en tout ceci où vous puissiez trouver à redire, ne permettons pas à notre imagination de s'étendre si loin qu'elle pourrait, mais retenons-la tout à dessein dans un espace déterminé qui ne soit pas plus grand, par exemple, que la distance qui est depuis la terre jusques aux principales étoiles du firmament, et supposons que la matière que Dieu aura créée s'étend bien loin au-delà de tous côtés, jusque à une distance indéfinie[1].

Descartes part d'un état du monde encore plus primitif que celui qu'il pourrait imaginer comme un chaos des trois éléments présupposés. Puisqu'il a pris la liberté de feindre cette matière originelle, il lui plaît de lui attribuer une nature telle que chacun puisse la connaître aussi parfaitement que possible, souci pédagogique bien cartésien. Cette matière n'aura donc ni la forme de la terre, ni celle du feu, ni celle de l'air. Elle n'aura pas les qualités d'être chaude ou froide, sèche ou humide, non plus que d'avoir quelque odeur ou saveur. Elle sera un vrai corps solide qui remplit toutes les dimensions de l'espace. Elle sera divisée en toutes les parties et selon toutes les figures que l'on

1. *Le Monde, l'Homme*, éd. citée, p. 22 ; et AT, vol. XI, p. 31-32.

peut imaginer, et ces parties seront animées des mouvements les plus divers. Ici s'exerce la pleine liberté de Dieu, faisant que, dès le premier instant qu'elles sont créées, les unes commencent à se mouvoir d'un côté, les autres d'un autre ; les unes plus vite et les autres plus lentement ; et qu'elles continuent leurs mouvements suivant les lois ordinaires de la nature. Car Dieu a si merveilleusement établi ces lois que nous sommes autorisés à supposer qu'il n'a rien à créer de plus que ce que Descartes vient de dire, et que, en supposant même qu'il ne mette en ceci aucun ordre ni proportion, mais qu'il compose le chaos le plus confus, ces lois sont suffisantes pour faire que les parties de ce chaos se démêlent d'elles-mêmes et se disposent en si bon ordre qu'elles auront la forme d'un monde où l'on verra naître toutes les choses qui paraissent dans ce vrai monde. Le travail du cosmogoniste est donc maintenant de découvrir les lois de la nature capables d'organiser ce chaos.

Descartes en énonce trois. La première est que chaque partie de la matière continue d'être dans le même état tant que la rencontre des autres ne la contraint pas à changer ; la deuxième, que lorsqu'un corps en pousse un autre, il ne saurait lui donner aucun mouvement qu'il n'en perde en même temps autant du sien ; et la troisième, que lorsqu'un corps se meut – encore que son mouvement se fasse le plus souvent en ligne courbe –, chacune de ses parties tend à continuer le sien en ligne droite.

Il n'est pas utile, pour notre propos, d'entrer dans le détail de la génération du monde à partir de ces prémisses. La cosmogonie de Descartes souffre d'avoir été conçue avant la découverte de la gravitation universelle, elle souffre aussi des faiblesses de la physique cartésienne. Dans un chaos, où rien ne saurait se mouvoir sans être poussé, où aucun vide n'est toléré, ce sont les mouvements et les rencontres de grands tourbillons de matière qui vont façonner le monde. Disons que, comme Descartes le dit lui-même dans les *Principes*, il importe peu de savoir de quelle façon Dieu a disposé la matière au commencement puisque sa disposition sera changée, suivant les lois qu'il a établies, jusqu'à ce qu'elle compose un monde semblable à celui que nous observons[1]. La matière la plus subtile, celle formée par le premier élément, se condensera en étoile au centre d'un tourbillon ; la matière la plus grossière, celle formée par le troisième élément, ayant plus de force pour continuer son mouvement en ligne droite, gagnera la périphérie pour former les planètes ; les particules du deuxième élément, uniformément réparties dans l'univers, formeront la matière des cieux : cette dernière matière est la plus importante, car, quelque inégalité que Dieu ait mise au commencement entre ses parties, il faut que, suivant les lois qu'il a imposées à la nature, elles se soient réduites presque toutes à une grosseur et à un mouvement « médiocres », et qu'elles aient pris la forme du deuxième élément[2] (fig. 1).

Figure 1

1. *Principes*, III, 47, AT, vol. IX, p. 125-126.
2. Éd. citée, p. 29 ; et AT, vol. XI, p. 49.

Cette vision mécaniste d'un univers dans lequel la loi de l'inertic n'a nul lieu où s'exercer est d'autant plus étonnante que Descartes fut le premier à énoncer clairement cette loi. Toutefois, la formulation du problème cosmogonique reste exemplaire, on y trouve ce qui caractérise les cosmogonies que nous qualifierons d'« évolutionnistes » : le monde que nous observons est soumis à des mouvements relativement simples, son état présent garde les traces de son origine et de son développement ; on doit donc pouvoir reconstituer son histoire en imposant quelques lois simples à un chaos originel qui n'aura plus qu'à évoluer naturellement sans qu'interviennent des catastrophes ou un miracle permanent.

Il reste que l'on est en droit de s'interroger sur le statut que Descartes donne à son texte. Sur un tableau que le peintre Jan Baptist Weenix fit vers 1647, et qui se trouve au musée d'Utrecht, on voit Descartes tenant un livre ouvert sur lequel est écrit « Le Monde est une fable », écho inversé de ce qu'il écrivait à Mersenne le 25 novembre 1630 : « [...] car la *fable de mon Monde* me plaît trop pour manquer à la parachever, si Dieu me laisse vivre assez longtemps[1] ». Et, parlant de son *Monde*, il précisera qu'il n'a pas l'intention de donner des démonstrations exactes de toutes les choses qu'il dira (il en serait d'ailleurs bien en peine), mais de nous ouvrir le chemin qui nous mènera à la vérité, et que, pour se faire, il dressera un tableau qui nous agrée, n'ayant d'autre dessein que de nous raconter une fable. Toutefois, cette fable non seulement n'entachera pas le récit de fausseté mais elle est la forme littéraire qui mènera le plus grand nombre à la vérité. N'oublions pas que Descartes rédige son *Traité* en français pour en élargir le public. Si l'une des caractéristiques de la fable est d'être édifiante tout en distrayant, il croit y voir un autre avantage, celui de limiter, sinon d'éviter, sur un sujet aussi sensible que la genèse du monde, les controverses avec

1. AT, vol. I, p. 179 (nous soulignons).

les théologiens. Évoquant sa cosmogonie dans le *Discours de la méthode*, il écrit :

> pour ombrager un peu toutes ces choses, et pouvoir dire plus librement ce que j'en jugeais, sans être obligé de suivre ni de réfuter les opinions qui sont reçues entre les doctes, je me résolus de laisser tout ce monde ici à leurs disputes, et de parler seulement de ce qui arriverait dans un nouveau, si Dieu créait maintenant quelque part, dans les espaces imaginaires, assez de matière pour le composer, et qu'il agitât diversement et sans ordre les diverses parties de cette matière, en sorte qu'il en composât un chaos aussi confus que les poètes en puissent feindre, et que, par après, il ne fît autre chose que prêter son concours ordinaire à la nature, et la laisser agir suivant les lois qu'il a établies[1].

Descartes aborde de nouveau le statut de la fable dans une lettre au père Mesland, de mai 1645 :

> Au reste, je souhaiterais que vous eussiez assez de loisir pour examiner plus particulièrement mes *Principes*. J'ose croire que vous y trouveriez au moins de la liaison et de la suite ; en sorte qu'il faut nier tout ce qui est contenu dans les deux dernières parties, et ne le prendre que pour une pure hypothèse ou même pour *une fable*, ou bien l'approuver tout. Et encore qu'on ne le prît que pour une hypothèse, ainsi que je l'ai proposé, il me semble néanmoins que, jusqu'à ce qu'on en ait trouvé quelqu'autre meilleure pour expliquer tous les phénomènes de la nature, on ne la doit pas rejeter[2].

Il précisera cette notion de pure hypothèse dans ses *Principes*, d'abord dans l'article 47 de la IIIe partie, dont l'intitulé est : « Que la fausseté des suppositions n'empêche point que

1. AT, vol. VI, p. 42.
2. *Ibid.*, p. 216 (nous soulignons).

ce qui en sera déduit ne soit vrai[1] », et surtout dans l'article 204 de la IVe partie :

> Que, touchant les choses que nos sens n'aperçoivent point, il suffit d'expliquer comment elles peuvent être ; et que c'est tout ce qu'Aristote a tâché de faire. On répliquera encore à ceci que, bien que j'aie peut-être imaginé des causes qui pourraient produire des effets semblables à ceux que nous voyons, nous ne devons pas pour cela conclure que ceux que nous voyons sont produits par elles. Parce que, comme un horloger industrieux peut faire deux montres qui marquent les heures en même façon, et entre lesquelles il n'y ait aucune différence en ce qui paraît à l'extérieur, qui n'aient toutefois rien de semblable en la composition de leurs roues : ainsi il est certain que Dieu a une infinité de divers moyens, par chacun desquels il peut avoir fait que toutes les choses de ce monde paraissent telles que maintenant elles paraissent, sans qu'il soit possible à l'esprit humain de connaître lequel de tous ces moyens il a voulu employer à les faire. Ce que je ne fais aucune difficulté d'accorder. Et je croirai avoir assez fait, si les causes que j'ai expliquées sont telles que tous les effets qu'elles peuvent produire se trouvent semblables à ceux que nous voyons dans le monde, sans m'enquérir si c'est par elles ou par d'autres qu'ils sont produits. Même je crois qu'il est aussi utile pour la vie, de connaître des causes ainsi imaginées, que si on avait la connaissance des vraies : car la médecine, les mécaniques, et généralement tous les arts à quoi la connaissance de la physique peut servir, n'ont pour fin que d'appliquer tellement quelques corps sensibles les uns aux autres, que, par la suite des causes naturelles, quelques effets sensibles soient produits ; ce que nous ferons tout aussi bien, en considérant la suite de quelques causes ainsi imaginées, bien que fausses, que si elles étaient les vraies, puisque cette suite est supposée semblable, en ce qui regarde les effets sensibles. Et afin qu'on ne pense pas qu'Aristote ait jamais prétendu de faire quelque chose de plus que cela, il dit lui-même,

1. AT, vol. IX, p. 125-126.

> au commencement du septième chapitre du premier livre de ses *Météores*, que pour ce qui est des choses qui ne sont pas manifestes aux sens, il pense les démontrer suffisamment, et autant qu'on peut désirer avec raison, s'il fait seulement voir qu'elles peuvent être telles qu'il les explique[1].

Ce que demande Descartes à la fable est donc ce qu'aujourd'hui les scientifiques demandent à un modèle. Nous avons à nous préoccuper non pas de savoir s'il est vrai ou s'il est faux, mais s'il est valide et quel est son domaine de validité. Cette interprétation est confirmée par Descartes lui-même qui, dans *Dioptrique*, traitant de la lumière *sans dire au vrai quelle est sa nature*, écrit :

> [...] imitant en ceci les astronomes qui, bien que leurs suppositions soient presque toutes fausses ou incertaines, toutefois, à cause qu'elles se rapportent à diverses observations qu'ils ont faites, ne laissent pas d'en tirer plusieurs conséquences très vraies et très assurées[2].

Jusqu'à ce que Newton en fasse la critique dynamique, les tourbillons cartésiens jouiront d'une faveur incontestée, dont celle de Swedenborg, de Leibniz et d'Huygens. Tous veulent voir dans l'action de la matière subtile en mouvement l'explication de la gravitation et refusent l'idée d'une « action à distance », qui réintroduit en physique les notions de sympathie (ou d'antipathie), d'amour (ou de haine), et les qualités occultes des anciens philosophes. La gravitation résulte d'une impulsion, d'une force venant des chocs produits par des particules infimes qui frappent les corps dans toutes les directions et auxquelles ceux-ci se font mutuellement écran : il en découle une résultante non nulle, une force attractive dirigée suivant la ligne qui joint le centre de gravité des deux corps.

1. *Ibid.*, p. 322-323.
2. AT, vol. VI, p. 83.

2. Leibniz

C'est dans sa *Théorie du mouvement concret*, publiée en 1671, que Leibniz expose pour la première fois ses vues sur la formation des systèmes planétaires. Si dans l'univers, nappe infinie d'éléments impondérables, lumineux et élastiques comme des ressorts, se forme un tourbillon, il en naîtra un monde. En effet, une fois un tourbillon établi, il constitue un centre autour duquel les autres parties de l'éther se mettent à tourner sur elles-mêmes, à une vitesse d'autant moindre qu'elles en sont plus éloignées. Les parties extérieures au tourbillon prennent une translation curviligne, enserrées qu'elles sont entre deux cercles, l'un qui est immobile et l'autre qui se meut déjà. La vitesse, et par conséquent la force centrifuge, de ces éléments décroît comme celle des sphères elles-mêmes à mesure qu'on s'éloigne du centre. Raréfiés vers le milieu, les éléments gagnent les extrémités où ils se concentrent. L'équilibre est alors rompu, et il faut qu'une sorte d'action en retour le rétablisse, qu'un mouvement centripète succède au mouvement centrifuge, gagnant finalement la région d'où il est parti.

Par suite de la décroissance continue de la force de projection à partir du centre, le tourbillon initial se trouve emprisonné par un cercle où la vitesse est moindre et même nulle. La masse, une fois captée, se condense alors sous l'influence du choc des bulles éthérées, qui, refoulées de la périphérie, reviennent vers le centre du tourbillon. La lumière, primitivement diffuse, prend peu à peu la forme d'un globe de feu et donne naissance à un soleil.

La Terre n'est que l'un de ces innombrables systèmes d'éléments éthérés qui prennent peu à peu forme dans l'intervalle des sphères lumineuses, centres de condensation des tourbillons primitifs. Son mouvement de rotation lui vient de la différence de vitesse des cercles qui l'enserrent. Frappée par les rayons du Soleil et par ceux que la force centripète ramène au Soleil, par de minuscules tourbillons qui affluent à sa surface, elle prend une forme sphérique, se condense, une croûte se forme qui gagne en épaisseur. Toutes les planètes sont, quant à leur forme, leur rotation et leur révolution, justiciables du même processus.

La pesanteur, l'attraction ont pour origine le mouvement en retour des bulles d'éther. Si les planètes ne s'enfuient point par la tangente, c'est qu'elles rencontrent un obstacle dans les tourbillons voisins qui réagissent sur elles et les refoulent. Et, de même, les corps plus lourds que l'air ne retombent pas vers la Terre que parce qu'il existe autour de notre planète une zone d'éther de plus en plus dense. Certaines particules de cet éther reviennent vers le centre, et l'équilibre ne s'établit qu'au moment où la force centripète des bulles est devenue égale à la force centrifuge des corps.

Cette explication purement mécanique et tourbillonnaire des phénomènes physiques, Leibniz la maintiendra par la suite dans sa *Protogaea* de 1680. Il déclarera seulement qu'elle n'exprime que la surface des choses et qu'il faut en chercher la raison véritable dans les centres de force, simple et immatérielle, que la métaphysique nous invite à poser au sein des phénomènes mécaniques eux-mêmes[1].

3. Swedenborg

Quant à Swedenborg[2], bien que dans ses *Principia* (1734) il ne cite pas Descartes, il s'y montre manifestement influencé par la cosmologie cartésienne, à laquelle il emprunte les tourbillons qui entourent les étoiles fixes, y apportant toutefois deux modifications : il affirme d'abord que les mouvements tourbillonnaires n'existent pas à l'origine, mais apparaissent graduellement, se

1. Leibniz, *Protogaea*, traduction de Bertrand de Saint-Germain, Toulouse, Presses universitaires du Mirail, 1993.

2. Emanuel Swedenborg (1688-1772), naturaliste suédois qui, après 1744, sombrant dans le mysticisme, abandonna la science pour la théosophie.

mettant là en contradiction avec le principe de la conservation du moment angulaire d'un système mécanique (une erreur que Kant fera également) ; ensuite, que les planètes sont issues de la matière même du Soleil, une idée qui sera reprise par Buffon, Kant et Laplace.

Le Soleil, donc, est au centre d'un tourbillon qui pour Swedenborg n'a jamais eu une grande extension. Les planètes vont se former grâce à la force centrifuge engendrée par une accélération progressive et continuelle de la rotation du Soleil et de son tourbillon, qui va séparer et expulser, dans le plan de l'équateur solaire, les parties les plus extérieures sous forme d'un anneau. Cet anneau se rompra en diverses masses d'où naîtront les planètes, qui s'éloigneront progressivement du Soleil (fig. 2).

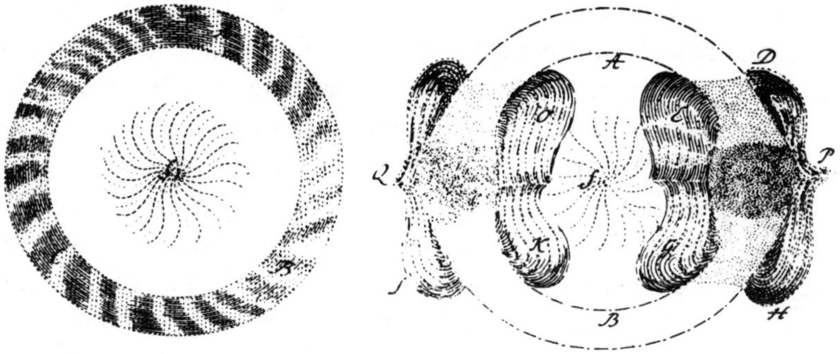

Figure 2

4. Buffon

Si la première cosmogonie des Temps modernes reste le prototype des cosmogonies évolutionnistes, la deuxième, due à Buffon, introduit le dualisme et met une catastrophe cosmique à l'origine du système solaire : la rencontre d'une comète et du Soleil – sans que l'on puisse toutefois la qualifier de prototype des cosmogonies catastrophistes. En 1680, une comète passa non loin du Soleil et souleva sinon une grande frayeur, du moins un vif intérêt, inspirant des écrits de toutes sortes, dont le traité sur les comètes de Jacques Bernoulli et *Les Pensées diverses sur la comète de 1680* de Bayle ; elle suggéra à William Whiston[1] l'idée que la Terre n'était qu'une ancienne comète dont Dieu aurait, pour la rendre habitable, modifié l'orbite ! Buffon critiquera ironiquement cette hypothèse initiale de Whiston, mais retiendra l'idée de la comète originelle et développera dans sa *Théorie de la terre* et dans *Les Époques de la Nature*, ouvrages respectivement publiés en 1749 et 1779[2], une cosmogonie du système solaire[3].

Le projet de Buffon semble bien être celui de Descartes et de tous les cosmogonistes : il s'agit de percer la nuit des temps, de reconnaître par l'inspection des choses actuelles l'ancienne existence des choses anéanties et de remonter par la seule force des faits subsistants à la vérité des faits ensevelis. Pour réaliser ce programme, Buffon utilise d'abord les faits qui peuvent le rapprocher de l'origine de la Nature, ensuite les monuments qui sont les témoins de ses premiers âges, et enfin les traditions qui peuvent nous donner quelque idée des temps passés. Après quoi, il tente de lier le tout par des analogies et de former une chaîne qui, du sommet de l'échelle du temps, descende jusqu'à nous.

Mais, première surprise, les faits utilisés sont tous des faits terrestres. Ils sont au nombre de cinq : la Terre est enflée vers l'équateur et aplatie vers les pôles ; le globe terrestre a une chaleur qui lui est propre ; la chaleur qui nous vient du Soleil est petite au regard de cette chaleur intérieure ; les matières qui

1. William Whiston (1667-1752), astronome anglais.

2. Ces deux ouvrages font partie de l'*Histoire naturelle*, publiée entre 1749 et 1789.

3. Pour la théorie de Whiston, voir *Histoire naturelle, second discours*, in *Œuvres philosophiques de Buffon* (dorénavant notées OP), édition du Corpus général des philosophes français, Paris, PUF, 1954, p. 78-82.

composent le globe sont en général de la nature du verre ; sur toute la surface de la Terre, y compris sur les pentes des montagnes élevées, on trouve des coquilles et autres débris marins. Bien sûr, les monuments du passé sont également terrestres : on y trouve les ossements et on y retrouve les coquillages. Quant aux traditions, elles se réduisent à la Bible, et Buffon reste apparemment soucieux d'une cosmogonie en accord avec le texte de la Genèse.

Si Buffon privilégie ainsi les faits terrestres, c'est bien évidemment parce qu'il est naturaliste et que, avant tout, il s'intéresse à la formation et à l'évolution de la Terre, mais enfin son projet explicite est bien l'histoire du système solaire tout entier, et, plus loin, il prendra en compte incidemment les régularités du système solaire. Nous verrons que la plupart des « catastrophistes » privilégient ainsi les faits terrestres, même lorsqu'ils sont de purs astronomes : de ce point de vue, le cas de J.H. Jeans[1] est exemplaire.

Pour Buffon, la Nature est contemporaine de la matière, de l'espace et du temps. Son histoire est celle des substances, des lieux et des âges. Si, globalement, et observée superficiellement, elle paraît immuable, une observation attentive montre que son cours n'est pas absolument uniforme. La Nature admet des variations sensibles, elle subit des altérations et se prête à des combinaisons nouvelles ; les cieux mêmes ont varié, comme toutes les choses de l'univers physique. Sans nul doute, la Nature aujourd'hui doit être différente de ce qu'elle était au commencement et de ce qu'elle est devenue dans la suite des temps. Ce sont ces changements divers que Buffon appelle les « époques de la nature ». Mais il ne tente pas de remonter au chaos initial de Descartes. Pour lui, le Soleil et les comètes préexistent au système des planètes, qui naît d'une catastrophe, c'est-à-dire

1. Sir James Hopwood Jeans (1877-1946), important mathématicien, physicien et astronome anglais qui publia *Problems of Cosmogony and Stellar Dynamics*, Cambridge, Cambridge at the University Press, 1919.

d'un événement imprévisible et rarissime, en tout cas dans sa première version, celle de 1749 : la rencontre tangentielle d'une comète et du Soleil.

C'est seulement après cette catastrophe que le système solaire commence une évolution tranquille, soumise aux lois ordinaires de la mécanique. Car Buffon est newtonien. Si la cosmogonie de Descartes souffre de l'absence des lois de la gravitation, celle de Buffon souffre d'une maîtrise très élémentaire, pour ne pas dire déficiente, de ces lois. Un exemple suffira. Buffon ne mentionne pas explicitement dans les régularités du système solaire la quasi-circularité des ellipses de révolution, mais il tente d'en tenir compte et croit répondre par avance aux critiques que l'on ne manquera pas de lui faire sur un point précis de mécanique céleste, à savoir les effets cinématiques du choc cométaire :

> D'ailleurs ne peut-on répondre à cette objection, que le soleil ayant été frappé par la comète, et ayant reçu une partie de son mouvement d'impulsion, il aura lui-même éprouvé un mouvement qui l'aura déplacé, et que quoique ce mouvement du soleil soit maintenant trop peu sensible pour que dans de petits intervalles de temps les Astronomes aient pu l'apercevoir, il se peut cependant que ce mouvement existe encore, et que le soleil se meuve lentement vers différentes parties de l'Univers, en décrivant une courbe autour du centre de gravité de tout le système ? Et si cela est, comme je le présume, on voit bien que les planètes, au lieu de revenir auprès du soleil à chaque révolution, auront au contraire des orbites dont les points des périhélies sont d'autant plus éloignés de cet astre, qu'il est plus éloigné lui-même du lieu qu'il occupait anciennement[1].

On sait aujourd'hui que le Soleil est soumis à la rotation galactique, fonçant à 250 kilomètres par seconde ; il boucle ainsi une

1. *Histoire naturelle, op. cit.*, p. 69. À noter la publication d'un volume de la Pléiade, *Œuvres de Buffon*, Paris, Gallimard, 2008.

orbite en 250 millions d'années ; de plus, il est animé d'un mouvement propre qui l'entraîne vers la constellation d'Hercule, et le système solaire tout entier l'accompagne dans cette promenade qui ne doit rien à un ancien choc entre le Soleil et une comète.

Laplace, qui cite Buffon comme premier cosmogoniste du système solaire – négligeant curieusement Descartes, probablement parce que sa cosmogonie a été conçue avant l'élaboration des lois de la gravitation universelle –, note cette faiblesse de son hypothèse, faisant remarquer que, si un corps mû sur une ellipse autour du Soleil vient à raser la surface de cet astre, il y reviendra constamment à chacune de ses révolutions, tout comme les planètes qu'il aurait arrachées à sa masse, et que, si le Soleil se meut, l'ensemble du système le suit.

Mais revenons à la cosmogonie de Buffon. Des faits terrestres mentionnés plus haut, il tire, entre autres, la certitude que, à son origine, la Terre était fluide et que cette fluidité était due non à une dissolution par l'eau mais à une fusion par le feu. L'observation de l'ensemble du système solaire lui confirme ses premières constatations. Dans les premiers temps, quand la Terre en fusion tournait sur elle-même, les autres planètes étaient dans le même état. En effet, les globes des planètes sont d'autant plus élevés sur leur équateur, et plus abaissés sous leurs pôles, que les planètes tournent plus vite sur elles-mêmes : ainsi Jupiter, qui tourne beaucoup plus vite sur lui-même que la Terre, est-il bien plus élevé sur son équateur et plus abaissé sur ses pôles.

Buffon en conclut que la vitesse de rotation est la seule cause du renflement à l'équateur et que ce renflement suppose une fluidité entière de toute la masse du globe planétaire, c'est-à-dire un état de liquéfaction par le feu. De plus, toutes les planètes circulant autour du Soleil dans le même sens et presque dans le même plan, elles paraissent avoir été mises en mouvement par une impulsion commune et dans le même temps : leurs mouvements de révolution et de rotation sont contemporains, aussi bien que leur état de fusion, et ces mouvements ont nécessairement été précédés par l'impulsion qui les a produits.

Un feu, donc, mais quel feu ? Dans la Nature, Buffon n'en voit point d'autre que celui du Soleil, capable de fondre et de tenir en liquéfaction la masse de la Terre et de toutes les planètes. Et comme il lui semble impossible que cette liquéfaction puisse provenir du simple passage des planètes près du Soleil, il faut bien que tout le système solaire ait été tiré de la matière même de notre étoile mère. Il reprend là une idée de Leibniz, dont la *Protogeae* est publiée la même année (1749) que les trois premiers volumes de l'*Histoire naturelle* – mais les *Acta Eruditorum* en avaient publié un résumé en 1693 et, en 1749, Buffon avait déjà « pris » à Leibniz tout ce qu'il pouvait lui prendre, c'est-à-dire assez peu : que la Terre était à l'origine un globe de matière solaire en fusion.

Il ne reste plus qu'à imaginer quelle catastrophe a pu ainsi arracher tant de substance au Soleil. Or les comètes, différentes en cela des planètes, parcourent des orbites très elliptiques dans des sens et des plans différents ; des caractéristiques cinématiques qui, pour Buffon, excluent qu'elles aient la même origine que les planètes, comme le Soleil. Elles existaient avant la formation du système planétaire, et la catastrophe initiale est la rencontre du Soleil et d'une comète, celle-ci lui arrachant un lambeau de matière dont naîtront les planètes.

Au départ, donc, une catastrophe que Buffon, en 1749, pense accidentelle, comme est accidentel et provisoire l'embrasement du Soleil. Des positions qu'il abandonne à partir de 1764[1], préférant y voir l'effet d'une loi naturelle : ce sont les astres gravitant autour du Soleil qui engendrent cette fusion de la matière solaire. La chaleur du Soleil devient ainsi un effet de la gravitation et il en résulte que toutes les étoiles doivent posséder un système planétaire, sans quoi elles ne brilleraient pas !

Quelle cause peut-on attribuer au choc initial ? Le créateur aurait-il volontairement dévié le cours d'une planète pour qu'elle frôle le Soleil ? Buffon peut difficilement l'admettre sans

1. Année de la publication de la deuxième partie des *Époques*.

s'attirer le reproche qu'il a fait à Whiston ; surtout, dans la cosmogonie de Buffon, une telle hypothèse – qui supposerait, si toutes les étoiles sont le centre d'un système planétaire, sans lequel elles ne brilleraient pas, au système solaire un caractère exceptionnel qu'il n'a pas – impliquerait contradiction. Il va donc s'efforcer de montrer que la rencontre d'une comète et du Soleil a sinon un caractère nécessaire, du moins un haut degré de probabilité : « Les comètes approchent quelquefois de si près le Soleil qu'il est pour ainsi dire nécessaire que quelques-unes y tombent obliquement[1]. » Il suffit pour cela d'admettre, comme Kepler, qu'il y a dans l'univers « autant de comètes que de poissons dans l'océan ». C'est pourquoi on ne peut, comme nous l'écrivions plus haut, considérer la cosmogonie de Buffon comme le prototype des cosmogonies catastrophistes, telles qu'elles se développeront au milieu du XIXe siècle.

Il reste que nous sommes assez loin de la création telle que la veut la Genèse et que Buffon s'attire les critiques des théologiens. Adoptant une stratégie de défense assez proche de celle de Descartes avec sa « fable du Monde », il y répond dans *Les Époques de la Nature* :

> Ce n'est donc pas que j'aie ni même positivement prétendu que notre Terre et les Planètes aient été formées nécessairement et réellement par le choc d'une comète, qui a projeté hors du soleil la six cent cinquantième partie de sa masse : mais ce que j'ai voulu faire entendre, et ce que je maintiens encore comme hypothèse très probable, c'est qu'une comète qui, dans son périhélie, approcherait assez près du soleil pour en effleurer et sillonner la surface, pourrait produire de pareils effets, et qu'il n'est pas impossible qu'il se forme quelque jour de cette même manière des planètes nouvelles, qui toutes circuleraient ensemble comme les planètes actuelles, dans le même sens, et presque dans un même plan autour du soleil ; des planètes qui

1. Buffon, *Les Époques de la Nature*, édition de Jacques Roger, Paris, Éditions du Muséum, 1962, p. 28.

> tourneraient aussi sur elles-mêmes, et dont la matière, étant au sortir du soleil dans un état de liquéfaction, obéirait à la force centrifuge, et s'élèverait à l'équateur en s'abaissant sous les pôles ; des planètes qui pourraient de même avoir des satellites en plus ou moins grand nombre, circulant autour d'elles dans le plan de leur équateur [...] ; en sorte que tous les phénomènes de ces planètes possibles et idéales, seraient (je ne dis pas les mêmes), mais dans le même ordre, et dans des rapports semblables à ceux des planètes réelles[1].

Et il conclut :

> Enfin, je demande qu'on examine tous les rapports, que l'on suive toutes les vues, que l'on compare toutes les analogies sur lesquelles j'ai fondé mes raisonnements, et qu'on se contente de conclure avec moi que, si Dieu l'eût permis, il se pourrait par les seules lois de la Nature que la Terre et les Planètes eussent été formées de cette même manière[2].

Nous ne développerons pas plus la cosmogonie de Buffon que celle de Descartes. On sait aujourd'hui qu'une comète est bien incapable d'arracher un système planétaire au Soleil, mais à l'époque Buffon n'était pas le seul à s'illusionner sur la nature des comètes, en particulier sur leur volume et sur leur densité, et à ne pas douter qu'une comète « ne puisse avoir assez de masse et de vitesse pour déplacer le soleil, et donner un mouvement de projectile à une quantité de matière aussi considérable que l'est la six cent cinquantième partie de la masse de cet astre ». On sait aujourd'hui que les comètes sont des « riens visibles », selon la formule de Babinet, et qu'elles ne préexistaient pas au système solaire. Il est simplement intéressant de noter que, dès le lever du rideau, avant même que les ténors entrent en scène, les protagonistes sont en place : les cosmogonistes se partageront en deux clans, celui des

1. *Ibid.*, p. 32-33.
2. *Ibid.*, p. 33.

évolutionnistes et celui des *catastrophistes*. Bien évidemment, il y aura des débats et des polémiques à l'intérieur de chaque clan, mais il ne se formera pas de troisième parti, et c'est entre ces deux clans que se développera l'affrontement fondamental.

Le conflit est plus idéologique que scientifique. Les divergences ne portent pas tant sur l'évolution du système solaire que sur son origine. Les catastrophistes reconnaissent que l'état actuel de notre système résulte d'une longue évolution dont la plupart des phases s'expliquent par le simple jeu des lois de la nature, sans quoi toute cosmogonie à prétention scientifique serait vaine. Ainsi Buffon est-il partisan des causes lentes qui modèlent imperceptiblement le monde et refuse-t-il des catastrophes en chaîne pour expliquer le relief terrestre. Les évolutionnistes ne nient pas que les catastrophes existent dans l'univers – les chutes rarissimes de météorites gigantesques et les explosions spectaculaires d'étoiles ou de galaxies sont là pour en témoigner –, mais ils n'admettent pas que ces catastrophes façonnent le monde. Pour eux, si l'origine du système solaire, l'apparition de la vie sur la Terre et l'émergence de l'homme peuvent s'expliquer par l'action des lois de la mécanique, de la physique et de la chimie, point n'est besoin d'invoquer des catastrophes hypothétiques. Si l'on ajoute à cela que les lois que nous découvrons sur Terre règnent dans l'univers aussi loin que plongent nos regards et que les étoiles de type solaire se comptent par milliards et milliards, il est alors clair que les systèmes planétaires sont très nombreux et que l'existence d'autres terres habitées devient hautement probable.

L'enjeu idéologique est donc d'importance. La perspective d'îlots habités disséminés dans l'immensité de l'univers non seulement froisse un certain anthropocentrisme vague et diffus que l'on doit rencontrer dans toutes les civilisations, mais heurte violemment une manifestation de cet anthropocentrisme, essentielle pour le monde chrétien : la rédemption. On retrouve là, posé avec une plus grande acuité, le problème auquel furent confrontés les théologiens après la découverte du Nouveau Monde. Comment des hommes, s'ils n'ont jamais été atteints par la parole de Dieu, peuvent-ils être sauvés ? Du moins les indigènes des Amériques foulaient-ils le globe même où le Christ était venu mourir pour le rachat des hommes.

L'objectif ultime de certains catastrophistes était souvent de sauver l'unicité de notre présence dans l'univers. Introduire une catastrophe à l'origine du système solaire, puis, une catastrophe en appelant une autre, les multiplier aux carrefours stratégiques de l'histoire de la nature, c'est mettre autant de barrières aux chemins qui mènent à l'apparition d'autres hommes dans l'univers.

IV. Newton : un moment de flottement

Nous avons déjà signalé combien la cosmologie de Descartes pâtit de la faiblesse de la physique de son auteur et d'avoir été conçue avant la connaissance des lois de la gravitation universelle. Dans ce monde qui, dès l'origine, ne souffre aucun vide, les tourbillons règnent en maîtres : soumis aux règles de la dynamique cartésienne, ils ordonnent le chaos primitif et le transforment en une structure cellulaire de cieux juxtaposés. Encore faut-il préciser que le chaos de Descartes n'est pas le chaos des philosophes de l'Antiquité, il n'est pas le désordre absolu incapable d'évoluer par lui-même vers une structure ordonnée. Il est l'état primitif d'un monde où Dieu, manifestant sa pleine liberté, lance une infinité de mouvements et de mécanismes, sans choisir entre eux, mais en les soumettant aux quelques lois qu'il a établies. Pour la première fois, un physicien présentait les mouvements planétaires comme de pures actions mécaniques parfaitement intelligibles, et ceci dès l'origine du monde. Épuisant tous les possibles, le chaos primitif ne peut plus qu'évoluer vers la figure d'équilibre que le monde présente aujourd'hui à nos yeux. Dans cet univers continu et entièrement plein, le mouvement circulaire est le stade ultime des mouvements originellement imprimés à la matière. Cet aboutissement est donc nécessaire. Comme le Soleil, chaque étoile de l'univers est le centre d'un tourbillon, c'est-à-dire de ce que Descartes appelle un « ciel ». Il peut arriver qu'un tourbillon entier soit détruit par ceux qui l'entourent et que l'étoile, qui était en son centre, passe dans un des autres tourbillons et se transforme en une comète, dont la destinée sera d'errer de ciel en ciel, ou en une planète qui, dans un autre ciel, deviendra elle-même le centre d'un tourbillon secondaire. Newton critique sévèrement les tourbillons de Descartes et montre qu'ils ne peuvent pas rendre compte des lois de Kepler. Une longue dispute s'ensuit entre cartésiens et newtoniens, dont ces derniers sortent évidemment vainqueurs.

La mécanique de Newton, qui donne enfin les moyens d'une cosmogonie scientifiquement raisonnable, va paradoxalement, dans un premier temps, saper les désirs des cosmogonistes. Comme le dit Faye[1] :

> On remarquera tout d'abord que, par le fait d'avoir repoussé absolument les tourbillons de Descartes, Newton se trouve arrêté net devant la constitution éminemment giratoire du système solaire ; il est forcé de déclarer, contre toute évidence, qu'elle ne dépend pas de cause mécanique[2].

En effet, pour Newton, si la gravitation peut maintenir l'ordre du monde – et encore, dans certaines limites –, elle ne saurait en être la créatrice. La gravitation ne peut mettre le monde en branle, et encore moins justifier l'ordre des orbes et les lois qui les lient ; cet admirable arrangement ne peut être que l'œuvre d'un Être tout-puissant et suprêmement intelligent. Dieu, que Descartes a réduit au rôle modeste de créateur de la matière première universelle – matière dotée, il est vrai, des propriétés adéquates à la constitution d'un monde –, Dieu redevient le grand architecte de l'univers. Ce fait ne tire pas à conséquence : introduire Dieu là où la science, à un moment donné, bute n'est pas un frein au développement de la connaissance scientifique. De plus, cette introduction de la main de Dieu au commencement

1. Hervé Faye (1814-1902), astronome français.

2. H. Faye, *Sur l'origine du monde*, édition de 1896, Paris, Gauthier-Villars, p. 117.

du monde manifeste l'esprit profondément religieux de Newton, mais aussi sa volonté toujours affirmée de ne pas introduire d'hypothèses que l'expérience n'exige pas[1]. Le refus des hypothèses exprimé à propos de la nature de la lumière dans son *Optique* ne découle pas de l'intervention de Dieu mais de la même exigence méthodologique : tout ce qui ne se déduit pas des phénomènes est une hypothèse, et les hypothèses, qu'elles soient métaphysiques, physiques ou mécaniques, ne doivent pas être reçues dans la philosophie expérimentale[2]. On doit d'abord tirer les propositions des phénomènes et ensuite les généraliser par induction. C'est ainsi que les lois du mouvement et celles de la gravité ont été découvertes. Il suffit que la gravité existe et qu'elle agisse selon les lois que Newton a exposées ; il suffit que ces lois rendent compte de tous les mouvements des corps célestes alors connus et qu'elles prévoient tous ceux des corps célestes que l'on pourra découvrir. Newton n'en demande pas plus : non seulement il s'interdit toute recherche sur la naissance et les débuts du monde, mais il craint même de ne pas tenir l'ordre définitif de l'univers. En effet, il a observé dans les mouvements des planètes quelques très petites inégalités, à peine remarquables, qui peuvent provenir de l'action mutuelle des planètes et des comètes, et qui deviendront probablement, dans la longue suite des temps plus grandes, jusqu'à ce que le système ait besoin d'être remis en ordre par son auteur. Le Grand Architecte doit donc aussi assurer le service après vente. Leibniz se gaussera de ces interventions, miracles à répétition, de Dieu pour remettre le système solaire en ordre. Newton répliquera par une critique aussi vive de l'harmonie préétablie de Leibniz, qu'il qualifiera de « miracle perpétuel » !

1. Les réflexions cosmologiques de Newton seront en partie motivées par les premières critiques faites à la gravitation ; elles ne se trouvent qu'à partir de la deuxième édition des *Principia* (1713) et sont rassemblées dans un scholie général qui clôt l'ouvrage.

2. Cf. *Traité d'optique*, reproduction fac-similé de la traduction de Pierre Coste de 1722, Paris, Gauthier-Villars, 1955, p. 487 *sq*.

Dans les réflexions cosmologiques de Newton, il y a plus grave : pour lui, Dieu a mis des distances immenses entre les étoiles de peur qu'elles ne tombent les unes sur les autres par la faute de la force de la gravité. Réintroduire ainsi les causes finales dans l'explication des phénomènes naturels alors qu'on vient d'en bannir les hypothèses que l'expérience n'exige pas est pour le moins incohérent. En tout cas c'est un net recul de l'esprit scientifique naissant, un net recul par rapport à Descartes, qui vient de chasser résolument ce recours aux causes finales dans les sciences de la nature. Dans ses *Principes philosophiques*, il rappelle en effet qu'il y a quelque présomption à se persuader que Dieu a créé le monde pour notre usage et à vouloir saisir les fins pour lesquelles il l'a créé[1].

Finalement, malgré les atouts décisifs que la mécanique céleste présente dès sa constitution, l'attitude réservée de Newton face aux problèmes cosmogoniques va briser l'élan donné par Descartes, et il n'est pas impossible, comme le pense J. Roger (dans son édition des *Époques de la Nature*), qu'elle soit encore responsable, cinquante plus tard, de l'accueil, mitigé et discret, réservé aux théories cosmogoniques de Swedenborg (1734), de Buffon (1749) et de Kant (1755). Il faudra attendre plus d'un siècle après la parution des *Principia mathematica* pour qu'un grand mécanicien céleste, Pierre Simon Laplace, remette la cosmogonie à l'ordre du jour et lance une polémique qui ne s'achèvera qu'aujourd'hui.

Mais avant de polémiquer entre eux, les cosmogonistes auront à débattre avec les théologiens, qui occupent le terrain, et ils auront à se justifier auprès des savants, qui jugent l'entreprise scientifiquement désespérée. Nous savons que Descartes avait choisi la prudence et le détachement. Et quand, après avoir renoncé à publier son *Traité de la lumière*, il l'évoquera néanmoins dans son *Discours de la méthode*, ce sera pour en faire une fable pédagogique :

1. AT, vol. IX, 2, p. 37.

> Toutefois, je ne voulais pas inférer, de toutes ces choses, que ce monde ait été créé en la façon que je proposais ; car il est bien plus vraisemblable que, dès le commencement, Dieu l'a rendu tel qu'il devait être. Mais il est certain, et c'est une opinion communément reçue entre les théologiens, que l'action, par laquelle maintenant il le conserve, est toute la même que celle par laquelle il l'a créé ; de façon qu'encore qu'il ne lui aurait point donné, au commencement, d'autre forme que celle du chaos, pourvu qu'ayant établi les lois de la nature, il lui prêtât son concours, pour agir ainsi qu'elle a de coutume, on peut croire, sans faire tort au miracle de la création, que par cela seul toutes les choses qui sont purement matérielles auraient pu, avec le temps, s'y rendre telles que nous les voyons à présent. Et leur nature est bien plus aisée à concevoir, lorsqu'on les voit naître peu à peu en cette sorte, que lorsqu'on ne les considère que toutes faites[1].

L'attitude de Buffon ne sera pas très différente. Dans ses *Époques de la Nature*, après avoir présenté les traditions qui étayent sa théorie, il écrit :

> Au reste je me suis permis cette interprétation des premiers versets de la Genèse, que dans la vue d'opérer un grand bien ; ce serait de concilier à jamais la science de la Nature avec celle de la Théologie. Elles ne peuvent, selon moi, être en contradiction qu'en apparence ; et mon explication semble le démontrer. Mais si cette explication, quoique simple et très claire, paraît insuffisante et même hors de propos à quelques esprits trop strictement attachés à la lettre, je les prie de me juger par l'intention, et de considérer que mon système sur les *Époques de la Nature* étant purement hypothétique, il ne peut nuire aux vérités révélées, qui sont autant d'axiomes immuables, indépendants de toute hypothèse, et auxquels j'ai soumis et je soumets mes pensées[2].

1. AT, vol. VI, p. 45.
2. *Les Époques de la Nature*, *op. cit.*, p. 24.

Et, le 12 mars 1751, aux questions que lui ont posées messieurs les députés et le syndic de la Faculté de théologie de Paris, Buffon répond qu'il n'a eu aucune intention de contredire le texte de l'Écriture et qu'il croit très fermement tout ce qui y est rapporté sur la création, soit pour l'ordre des temps, soit pour les circonstances des faits. En conséquence de quoi il est prêt à abandonner tout ce qui pourrait être contraire à la narration de Moïse (!), puisqu'il n'a présenté son hypothèse sur la formation des planètes que comme une pure supposition philosophique[1].

Kant, lui, acceptera d'amener le débat entre la science et la religion jusqu'au domaine de la cosmogonie. Dès les premières lignes de la préface à *Histoire naturelle générale et théorie du ciel*, il aborde le double problème de l'hostilité des théologiens et du scepticisme de certains savants :

> J'ai choisi un sujet qui, tant par sa difficulté intrinsèque qu'en ce qui concerne la religion, peut dès l'abord prévenir défavorablement une grande partie des lecteurs. Découvrir le système qui relie les grands membres de la création dans toute l'étendue de l'infinité, faire dériver des lois mécaniques la formation des corps célestes et l'origine de leurs mouvements du premier état de la nature, de telles perspectives semblent dépasser de très loin les forces de la raison humaine.
> De l'autre côté, la Religion met en garde, en une accusation solennelle, contre la témérité qui ose s'avancer jusqu'à attribuer à la nature laissée à elle-même de telles conséquences, dans lesquelles on voit à juste titre la main immédiate de l'Être suprême, et elle craint de trouver dans la curiosité indiscrète de telles considérations un plaidoyer du négateur de Dieu.
> Je vois bien toutes ces difficultés, et cependant je ne perds pas courage. Je ressens toute la force des obstacles qui s'opposent, et cependant je n'abandonne pas. J'ai osé entreprendre sur une faible conjecture un voyage dangereux, et j'aperçois déjà les avancées de terres nouvelles. Ceux qui ont le courage de

1. OP, p. 108, A.

> poursuivre cette enquête marcheront dessus et auront le plaisir de les désigner de leur nom[1].

Puis il donne d'abord la parole à l'avocat de la foi. Si l'on peut rendre compte de l'ordre et de la beauté du monde par la mécanique aveugle des forces de la nature, si la matière simplement soumise aux lois du mouvement parvient d'elle-même à cette organisation parfaite, alors la preuve qu'il existe un Être suprême – preuve que l'on tire de la beauté de l'univers – perd toute sa force : votre sagesse profane risque de piétiner la foi !

Kant, bien sûr, ne souscrit pas à un tel raisonnement. S'il reconnaît la valeur des preuves tirées de la beauté et de l'ordre du monde, il affirme que les défenseurs de la religion, en faisant un mauvais usage de ces arguments, éternisent la dispute avec les naturalistes et préparent la défaite de la foi. Pourquoi dissocier l'ordre et la perfection de la nature de cette nature elle-même ? Pourquoi les lois générales d'action de la matière ne seraient-elles pas aussi une conséquence du projet suprême ? Si elles le sont, comme le pense Kant, elles ne peuvent avoir d'autres déterminations que celles qui tendent à remplir le dessein que la sagesse suprême s'est proposé. Sinon, le naturaliste ne sera-t-il pas tenté de croire que la matière et ses lois générales sont indépendantes et que donc l'Être suprême est certes grand mais certainement pas infini, certes puissant mais pas pleinement suffisant ? On retrouve le vieux débat de toute science avec toute religion : vous éliminez Dieu de la nature, disent les uns ; absolument pas, c'est vous qui limitez la puissance de Dieu, rétorquent les autres.

---

1. *Histoire naturelle générale et théorie du ciel*, édition de P. Kerszberg, A.-M. Roviello et J. Seidengart, Paris, Librairie philosophique J. Vrin, 1984, p. 65. On trouve également une traduction française de cet ouvrage de Kant dans *Les Hypothèses cosmogoniques* de Charles Wolf (astronome français, 1827-1918), publiées en 1886 à Paris par Gauthier-Villars.

Et Kant de s'expliquer sur un exemple concret, l'un de ceux traditionnellement évoqués pour illustrer la Providence bienveillante qui veille sur les hommes : dans la zone la plus torride du globe, le vent de la mer souffle sur la terre et la rafraîchit au moment même où le sol surchauffé a le plus besoin de refroidissement. La tâche du naturaliste est de trouver les causes naturelles de ce phénomène dans les propriétés générales de l'air et non dans l'action directe de la Providence. Il remarque d'ailleurs que les vents de la mer présentent de tels mouvements périodiques même là où ne vit aucun homme, et ce à cause des seules propriétés de l'air, à savoir son élasticité et sa pesanteur[1]. Si quelqu'un, pour sauver le bon droit de la religion, met en doute cette capacité des lois générales de la nature, il se mettra lui-même dans l'embarras et donnera finalement à l'incroyance l'occasion de triompher un jour ou l'autre, alors que ces lois de la nature devraient être des armes puissantes au service de la religion.

Kant donne ensuite un résumé de sa théorie du ciel. Il prend toute la matière du monde et en fait un chaos parfait ; puis il la voit, sans l'aide de fictions arbitraires, s'organiser d'après les lois établies de l'attraction. Un monde en naît, bien ordonné, et qui paraît si semblable au système du monde que nous connaissons qu'il ne peut s'empêcher de le tenir pour identique. On reconnaît là rigoureusement la démarche de Descartes, enrichie de la connaissance des lois de l'attraction universelle.

Conscient que le fantôme d'Épicure hante la science nouvelle, Kant ne dissimule pas que la théorie de Lucrèce ou celle des prédécesseurs d'Épicure, Leucippe et Démocrite, ont beaucoup de ressemblance avec la sienne. Comme ces philosophes, il considère l'état premier de la matière comme une décomposition des éléments de tous les astres ; comme Épicure, il suppose une pesanteur qui force ces éléments à tomber. On retrouve même, dans sa théorie, un équivalent du clinamen d'Épicure qui déviait légèrement la chute verticale des éléments ; et aussi

1. *Histoire naturelle générale et théorie du ciel*, *op. cit.*, p. 67.

le rôle déterminant des tourbillons qui résultaient de cette perturbation du mouvement de chute. Mais tant de points de contact avec une doctrine qui était dans l'Antiquité une vraie théorie de la négation de Dieu ne doivent pas cependant faire regarder la sienne comme complice de leurs erreurs : même dans les conceptions absurdes qui ont pu attirer les suffrages des hommes, on trouve çà et là quelque vérité ! Malgré les ressemblances reconnues, il subsiste entre les cosmogonies atomistes et celle de Kant des différences assez essentielles pour que les conséquences en soient opposées.

Un exemple suffira : pour les atomistes, la formation mécanique du monde est le résultat d'un hasard purement accidentel – ainsi, par exemple, les atomes, dans leur chute, s'écartent de la ligne droite et se rencontrent sans nulle cause ; ils poussent même l'absurdité jusqu'à attribuer l'émergence des êtres vivants à ce même concours fortuit et aveugle des atomes, faisant naître la raison de l'« irraisonnable » ! Chez Kant, cette formation mécanique résulte de la soumission de la matière à des lois certaines et nécessaires qui sont la marque d'une Intelligence souveraine et toute-puissante : la matière n'est point libre de s'écarter du plan tracé par son créateur. Il existe un dieu précisément parce que le chaos lui-même ne pouvait rien engendrer d'autre que cet ordre que nous admirons.

Après s'être démarqué de Lucrèce et de ses prédécesseurs, il lui faut répondre aux sceptiques. Selon eux, si l'on admet que Dieu a placé dans les forces de la nature l'art caché de se constituer soi-même, à partir du chaos, en un parfait système du monde, n'est-il pas encore plus évident que l'entendement humain, si démuni face aux problèmes les plus communs, est incapable d'atteindre les propriétés cachées réalisant un si grand dessein ? Non seulement Kant affirme qu'un tel exploit est possible, mais il prétend que cette recherche est, parmi toutes celles qui peuvent être entreprises dans les sciences de la nature, celle dans laquelle on peut parvenir jusqu'à l'origine avec le plus de facilité et de sûreté ! Il en veut pour preuve le passé récent de ces sciences : il n'est pas de problèmes qui n'aient été résolus avec plus de certitude et d'exactitude que ceux de la constitution de l'univers dans son ensemble et des lois du mouvement des corps célestes. Les causes en sont faciles à voir : les corps célestes sont des masses rondes qui relèvent de la formation la plus simple qu'un corps, dont on recherche l'origine, puisse avoir ; leurs mouvements aussi sont simples, ils ne résultent que de la libre continuation d'un élan une fois imprimé qui, liée à l'attraction d'un corps central, devient circulaire ; enfin, les espaces dans lesquels les corps célestes se meuvent sont vides, ils n'apportent donc aucune perturbation à la perfection des mouvements, non plus que les corps eux-mêmes puisque les distances qui les séparent sont immenses. Donnons-lui donc de la matière, et le cosmogoniste bâtira un monde : un bel optimisme que Laplace lui-même n'osera pas afficher aussi péremptoirement.

V. L'hypothèse de Kant-Laplace

1. Laplace

C'est par Laplace que la cosmogonie obtient son statut d'objet scientifique. Non que son hypothèse soit réellement plus scientifique que sa sœur jumelle – celle de Kant, parue quarante ans plus tôt et inconnue de Laplace –, mais parce qu'elle a bénéficié instantanément du prestige et de l'autorité du grand mécanicien céleste que fut son auteur. Aussi sans doute parce qu'elle est arrivée plus tard et parce que Laplace s'est borné à envisager la formation du système solaire alors que Kant prétendait étendre ses conceptions à l'ensemble du monde stellaire, à une époque où celui-ci était à peine connu.

Les premières idées de Laplace sur l'origine du système solaire sont présentées dès la première impression de l'*Exposition du système du monde* (an IV). Cinq éditions voient le jour de son vivant : an IV, an VII, 1808, 1813 et 1824 ; et quand Laplace meurt, en 1827, le supplément à l'édition de 1824 est en chantier. C'est dire qu'il s'est intéressé pendant plus de trente ans à cet admirable ouvrage de vulgarisation, le modifiant, le perfectionnant sans cesse, et surtout y ajoutant quasiment au jour le jour les dernières découvertes. Certaines sont importantes pour la cosmogonie et viennent confirmer les spéculations de Laplace, entre autres la découverte des petites planètes. En 1772, le mathématicien allemand Titius[1] avait mis en évidence une étrange « loi ». Il avait montré qu'en prenant la série des nombres 0, 3, 6, 12, 24, 48 et 96 et en ajoutant 4 à chacun d'eux, puis en divisant le résultat par 10, on obtenait une suite de nombres qui représentait la suite des distances au Soleil des planètes connues à l'époque, la distance de la Terre au Soleil étant prise pour unité, à ceci près qu'aucune planète ne se trouvait à la distance 2,8 : il y avait un trou entre les orbites de Mars et de Jupiter. Vers 1785, le Français Lalande[2] proposa de rechercher la planète absente. Seize ans d'efforts ! Mais, le 1er janvier 1801, l'Italien Piazzi[3] découvrit une toute petite planète circulant à la bonne distance du Soleil. On l'appela Cérès. Très vite, entre 1801 et 1807, Olbers[4] et Harding[5] lui donneront trois petites sœurs : Pallas, Junon et Vesta.

Les conditions de la découverte des petites planètes, trouvées là où une relation déduite empiriquement des distances des planètes connues les avait supposées, ne pouvaient être pour Laplace qu'une confirmation de son idée de départ : l'arrangement du système solaire ne doit rien au hasard, il est la marque de son origine. Laplace mentionne les astéroïdes dès l'édition de 1808 et, dans les éditions de 1813 et de 1824, il utilise la singularité de cet essaim de petites planètes, venu remplacer la

1. Johann Daniel Tietz, dit Titius (1729-1796), mathématicien et physicien.

2. Joseph-Jérôme Lefrançois de Lalande (1732-1807), astronome à qui l'on doit la première détermination précise de la parallaxe de la Lune.

3. Giuseppe Piazzi (1746-1826) fit cette observation à l'Observatoire de Palerme, dont il était le directeur.

4. Heinrich Wilhelm Olbers (1758-1840) découvrit Pallas le 28 mars 1802 et Vesta le 29 mars 1807. Il fit la supposition que ces petites planètes étaient les fragments d'une planète plus grosse brisée par une « commotion interne ».

5. Karl Ludwig Harding (1765-1834). Cet astronome allemand découvrit Junon le 1er septembre 1804.

planète unique attendue, pour illustrer les diverses possibilités d'évolution d'un anneau de vapeur.

Autres travaux contemporains de la genèse de la cosmogonie de Laplace, ceux de Herschel[1]. Cet astronome, dont les grands télescopes lui permirent d'observer près de deux mille cinq cents nébuleuses, était à l'époque persuadé que certaines d'entre elles n'étaient pas de gigantesques regroupements d'étoiles, comme notre Voie lactée, mais des astres en cours de formation. Si tout au long des éditions de son *Exposition* Laplace garde la défiance que doit « inspirer tout ce qui n'est point un résultat de l'observation ou du calcul », au moins le voit-on, de plus en plus sûr de ses hypothèses, accumuler les raisons de sa confiance, développer de nouveaux arguments et penser que de tels processus doivent à chaque instant produire d'autres systèmes solaires dans l'immensité de l'univers.

Que faut-il donc retenir des connaissances astronomiques de l'époque, et que peut en déduire Laplace, pour tenter l'aventure d'une cosmogonie ? Considérons d'abord les planètes et leurs satellites. Nous remarquons les phénomènes suivants : les révolutions des planètes autour du Soleil se font toutes dans le même sens ; les révolutions des satellites autour de leur planète se font également dans le même sens et à peu près dans le même plan que le plan équatorial de leur planète mère ; les planètes et les satellites, dont on a observé les mouvements de rotation sur eux-mêmes, tournent dans le même sens et à peu près dans le plan de leur mouvement de révolution ; les satellites offrent de plus une singularité remarquable : leur mouvement de rotation est exactement égal à leur mouvement de révolution, en sorte qu'ils présentent constamment le même hémisphère à leur planète. C'est du moins ce que l'on observait pour la Lune, pour les quatre satellites de Jupiter et pour le

1. Sir William Herschel (1738-1822), astronome britannique d'origine allemande, fut le premier à reconnaître, en 1793, la rotation de la planète Saturne sur elle-même.

satellite de Saturne, Japet (c'est-à-dire pour les seuls satellites dont, à l'époque, on connaissait la rotation).

Et donc, si les éléments des corps du système solaire sont arbitraires, en revanche ils ont entre eux des rapports qui ne peuvent pas être l'effet de causes irrégulières. En soumettant au calcul leur probabilité, Laplace trouve qu'il y a plus de deux cent mille milliards contre un à parier que ces rapports ne sont point l'effet du hasard.

Observons le Soleil lui-même : son globe immense, foyer principal des ellipses des divers mouvements du système entier, tourne sur lui-même en vingt-cinq jours et demi dans le sens des révolutions planétaires, et son équateur est peu incliné par rapport à l'écliptique.

Enfin, si les révolutions des planètes se font sur des orbes presque circulaires, à l'inverse, les orbites des comètes sont très elliptiques : après s'être approchées du Soleil, elles s'en éloignent à des distances qui prouvent que l'empire du Soleil s'étend beaucoup plus loin que les limites connues du système planétaire. Autre caractéristique qui oppose les comètes aux planètes : l'inclinaison de leurs orbites par rapport à l'écliptique peut prendre n'importe quelle valeur.

Ainsi, dans le système, non seulement le Soleil gouverne les mouvements mais il a ordonné la géométrie de l'ensemble, et ce, semble-t-il, dès l'origine. L'avenir n'est pas moins garanti que le passé. Laplace a démontré que les mouvements des planètes et des satellites étant presque circulaires, dirigés dans le même sens et s'effectuant dans des plans peu différents, le système solaire ne peut qu'osciller autour d'un état moyen dont il ne s'écarte que de quantités très petites. C'est donc sa structure même qui est le gage de sa stabilité. D'autant plus que les systèmes de satellites reproduisent le système des planètes : au centre, un corps massif dont l'attraction puissante compense l'action perturbatrice des autres corps. Si, par exemple, l'action de Jupiter venait à cesser, ses satellites, que nous voyons se mouvoir autour de lui dans un ordre perpétuel, se disperseraient aussitôt, les uns allant décrire des ellipses très allongées autour du Soleil, d'autres filant indéfiniment dans l'espace sur des orbes hyperboliques. Et, bien évidemment, la disparition de l'attraction du Soleil entraînerait de même la dispersion de tout le système solaire.

Nous sommes loin du pessimisme de Newton. Pessimisme que Laplace s'explique mal :

> Je ne puis m'empêcher ici d'observer combien Newton s'est écarté sur ce point, de la méthode dont il a fait d'ailleurs de si heureuses applications. Depuis la publication de ses découvertes sur le système du monde et sur la lumière, ce grand géomètre livré à des spéculations d'un autre genre, rechercha par quels motifs l'auteur de la nature a donné au système solaire la constitution dont nous avons parlé. Après avoir exposé dans le scholie qui termine l'ouvrage des *Principes* le phénomène singulier du mouvement des planètes et des satellites, dans le même sens, à peu près dans un même plan et dans des orbes presque circulaires, il ajoute : « Tous ces mouvements si réguliers n'ont point de causes mécaniques, puisque les comètes se meuvent dans toutes les parties du ciel et dans des orbes fort excentriques [...]. Cet admirable arrangement du Soleil, des planètes et des comètes, ne peut être que l'ouvrage d'un être intelligent et tout-puissant. » Il reproduit à la fin de son *Optique* la même pensée dans laquelle il se serait encore plus confirmé, s'il avait connu ce que de tous ces mouvements si réguliers nous avons démontré, savoir que les conditions de l'arrangement des planètes et des satellites sont précisément celles qui en assurent la stabilité. « Un destin aveugle, dit-il, ne pouvait jamais faire mouvoir ainsi toutes les planètes, à quelques inégalités près à peine remarquables, qui peuvent provenir de l'action mutuelle des planètes et des comètes, et qui probablement deviendront plus grandes par une longue suite de temps, jusqu'à ce qu'enfin ce système ait besoin d'être remis en ordre par son auteur. »
> Mais cet arrangement des planètes ne peut-il pas être lui-même un effet des lois du mouvement, et la suprême intelligence que

Newton fait intervenir ne peut-elle pas l'avoir fait dépendre d'un phénomène plus général ? Tel est suivant nos conjectures celui d'une matière nébuleuse éparse en amas divers, dans l'immensité des cieux. Peut-on encore affirmer que la conservation du système planétaire entre dans les vues de l'auteur de la nature ? L'attraction mutuelle des corps de ce système ne peut pas en altérer la stabilité comme Newton le suppose, mais n'y eût-il dans l'espace céleste d'autre fluide que la lumière, sa résistance et la diminution que son émission produit dans la masse du Soleil, doivent à la longue détruire l'arrangement des planètes, et pour le maintenir une réforme deviendrait sans doute nécessaire. Mais tant d'espèces d'animaux éteintes, dont M. Cuvier a su reconnaître, avec une rare sagacité, l'organisation dans les nombreux ossements fossiles qu'il a décrits n'indiquent-elles pas dans la nature une tendance à changer les choses même les plus fixes en apparences ? La grandeur et l'importance du système solaire ne doivent le faire excepter de cette loi générale, car elles sont relatives à notre petitesse, et ce système, tout vaste qu'il nous semble, n'est qu'un point insensible dans l'univers. Parcourons l'histoire des progrès de l'esprit humain et de ses erreurs, nous y verrons les causes finales reculées constamment aux bornes de ces connaissances. Ces causes, que Newton transporte aux limites du système solaire, étaient, de son temps, même placées dans l'atmosphère pour expliquer les météores : elles ne sont donc, aux yeux du philosophe, que l'expression de l'ignorance où nous sommes des véritables causes[1].

Si, enfin, nous portons notre regard au-delà du système solaire, nous rencontrons d'innombrables soleils. Plusieurs étoiles éprouvent dans leur couleur ou dans leur luminosité des variations périodiques. D'autres apparaissent soudain plus brillantes que Jupiter ou que Vénus, et disparaissent lentement, telle celle observée par Tycho Brahé en 1572[2], qui frappa tant

1. *Exposition du système du monde*, éd. 1824.

2. Le Danois Tycho Brahé (1546-1601) observa pendant plus d'un an cet astre nouveau qui resta immobile parmi les étoiles fixes tout en participant

les imaginations et surtout bouleversa le dogme de l'immutabilité des cieux. Nous rencontrons aussi des nébuleuses, dont beaucoup doivent être des groupements d'étoiles qui, vus de l'intérieur, auraient, pense Laplace, le même aspect que notre Voie lactée. Mais Laplace suit aussi les travaux de Herschel, or ce grand observateur croit à l'époque noter les progrès de la condensation des nébuleuses, non sur une seule, ces progrès ne pouvant devenir sensibles que sur une échelle de temps très supérieure à celle de la vie d'un homme, mais sur plusieurs, « comme on suit dans une vaste forêt l'accroissement des arbres sur les individus de divers âges qu'elle renferme ». Ces observations laissent augurer, avec un fort degré de vraisemblance, leur future transformation en étoiles. Il est évident en tout cas que l'univers évolue.

Tel est donc le chemin qui a permis à Herschel de descendre de la matière nébulaire à un Soleil autrefois environné d'une vaste atmosphère. Laplace, prenant le chemin inverse, partant de l'examen actuel du système solaire, est arrivé à la considération de ce même état. Une rencontre aussi remarquable en suivant des routes opposées donne à l'existence de cet état antérieur du Soleil une forte probabilité. Voyons s'il est possible de s'élever aux véritables causes de tant de phénomènes remarquables et assurés.

Quelle que soit la nature de la cause du système solaire, puisqu'elle a produit et dirigé les mouvements de toutes les planètes, si loin qu'elles soient du Soleil, il faut qu'elle ait été un fluide d'une immense étendue. Pour avoir produit des mouvements presque circulaires, tous de même sens, autour du Soleil et quasiment dans le plan de son équateur, il faut que ce fluide ait environné cet astre comme une atmosphère. Laplace ne part donc pas du chaos initial de Descartes mais d'un proto-Soleil

---

au mouvement diurne ; ajoutant à ces constatations l'aspect ponctuel et la scintillation, Brahé en déduisit qu'il ne pouvait pas s'agir d'une comète et conclut à une étoile nouvelle et éphémère.

dont l'atmosphère, en vertu d'une chaleur excessive, s'étendait jusqu'aux confins du système actuel. Dans cet état primitif, le Soleil devait ressembler aux nébuleuses que montraient les plus puissants télescopes : un noyau brillant entouré d'une nébulosité qui, en se condensant à la surface du noyau, le transforme en étoile. Laplace ne s'occupe que de la façon dont les planètes ont pu naître aux dépens de l'atmosphère qui entoure le noyau central de la nébuleuse. En effet, l'hypothèse de la capture est à rejeter : si les planètes avaient pénétré dans l'atmosphère, sa résistance les aurait fait tomber sur le Soleil. Ne parlons pas d'une capture, à un stade ultérieur de l'évolution, par un Soleil quasi semblable à celui que nous observons aujourd'hui, car une telle hypothèse ne rend compte d'aucune des régularités du système solaire. Non, il faut comprendre comment l'atmosphère diluée du Soleil a déterminé les rotations et les révolutions des planètes et des satellites.

Il faut d'abord se rappeler que l'atmosphère du Soleil ne peut tout de même pas s'étendre indéfiniment : sa limite est la distance à laquelle la force centrifuge due à son mouvement de rotation balance la pesanteur. Or, à mesure que le refroidissement resserre l'atmosphère et condense à la surface du proto-Soleil les molécules qui en sont voisines, le mouvement de rotation augmente. Et Laplace évoque ici un principe qui, plus tard, sera utilisé pour argumenter l'attaque la plus redoutable qu'aura à subir l'hypothèse de la nébuleuse primitive, le principe des aires : la somme des aires décrites par le rayon vecteur de chaque molécule du Soleil et de son atmosphère, projetées sur le plan de son équateur, est constante – nous reviendrons plus loin sur ce principe. Donc la rotation doit être d'autant plus rapide que les molécules se rapprochent du centre. La force centrifuge devenant ainsi plus grande, la distance à laquelle la pesanteur lui est égale se raccourcit. L'atmosphère a dû, en se refroidissant, abandonner les molécules situées à la limite primitive, puis aux limites successives produites par l'accroissement de la vitesse de rotation du Soleil.

On peut donc conjecturer que les planètes ont été formées à ces limites successives, par la condensation des zones de vapeur ainsi successivement abandonnées. Puis ces zones se sont transformées en anneaux concentriques gravitant autour du Soleil toujours en cours de formation. À l'intérieur de chaque anneau, les molécules circulent pour leur propre compte, donc à des vitesses qui ne devraient être déterminées que par la distance au centre, mais le frottement mutuel des molécules de chaque anneau a dû accélérer les unes et retarder les autres. Et si Laplace insiste sur le fait que, dans un même anneau, les vitesses réelles des molécules les plus éloignées du centre ont fini par être les plus grandes, c'est qu'il tient là son principal argument pour expliquer les rotations directes de toutes les planètes.

Il faut maintenant expliquer comment les anneaux plats et concentriques vont se transformer en planètes et en satellites. En effet, dira-t-on, si toutes les molécules des anneaux continuaient à se condenser sans se désunir, pourquoi ne formeraient-elles pas des anneaux liquides ou solides ? Parce que, répond Laplace, la régularité qu'exige cette formation rend ce phénomène extrêmement rare. Aussi le système solaire n'en présente-t-il qu'un unique exemple : celui de l'anneau de Saturne. Dans presque tous les cas, quelques inhomogénéités auront provoqué la rupture des anneaux en plusieurs masses. Ces masses auront pris une forme sphéroïdique, avec un mouvement de rotation dirigé dans le sens de leur révolution, puisque leurs molécules inférieures avaient moins de vitesse linéaire que les supérieures. Ainsi ont dû se former autant de planètes à l'état de vapeurs. Ensuite, soit l'une des masses a été assez puissante pour unir toutes les autres autour de son centre, et l'anneau de vapeur s'est trouvé transformé en une seule masse sphéroïdique, soit – fait plus rare mais qui est peut-être celui observé dans le cas des petites planètes qui circulent entre Mars et Jupiter – chaque masse a continué de circuler autour du Soleil.

Quoi qu'il en soit, les planètes sont, à ce stade de leur évolution, dans un état qui ressemble à celui du Soleil dans la phase précédente. Et les satellites se formeront à partir des « nébuleuses partielles des planètes », comme les planètes ont commencé à se former au détriment de la nébuleuse solaire. Ainsi, souligne Laplace, les phénomènes singuliers de la faible excentricité des orbes des planètes et des satellites, de la faible inclinaison de ces orbes à l'équateur solaire, de l'identité du sens des mouvements de révolution et de rotation de tous ces corps avec celui de la rotation du Soleil découlent de l'hypothèse proposée pour la naissance du système solaire et donne à cette hypothèse une grande vraisemblance.

Les comètes, pour Laplace étrangères au système planétaire, petites nébuleuses errant de système en système solaire, n'en confirment pas moins son hypothèse cosmogonique : la grande excentricité de leurs orbites est encore une conséquence de son hypothèse. Lorsqu'elles parviennent dans la partie de l'espace où l'attraction du Soleil est prédominante, il les force à décrire des orbites elliptiques ou hyperboliques. Venant d'ailleurs, elles peuvent se mouvoir suivant toutes les directions et sous toutes les inclinaisons à l'écliptique. Et si quelques comètes ont pénétré dans les atmosphères du Soleil ou des planètes au temps de leur formation, elles ont dû, en décrivant des spirales, tomber sur ces corps, et, par leur chute, écarter les plans des orbites et des équateurs des planètes du plan de l'équateur solaire.

Enfin, même la lumière zodiacale, ce cône légèrement lumineux, orienté suivant l'écliptique, que l'on remarque vers l'ouest à la fin du crépuscule du soir, et vers l'est avant le crépuscule du matin, confirme l'hypothèse de la nébuleuse primitive. Si, dans les zones abandonnées par l'atmosphère solaire, il s'est trouvé des molécules trop volatiles pour s'unir entre elles ou aux planètes, elles doivent en continuant de circuler autour du Soleil offrir toutes les apparences de la lumière zodiacale, sans opposer de résistance sensible aux divers corps du système solaire, soit à cause de leur extrême raréfaction, soit parce que leur mouvement est quasi identique à celui des corps qu'elles rencontrent.

Après avoir ainsi montré que son hypothèse rend compte des grandes régularités et de certaines singularités du système solaire, Laplace termine son *Exposition du système du monde* en évoquant une singularité très remarquable de ce système : celle que présentent les trois premiers satellites de Jupiter.

Si l'on note n, n', n'' leurs mouvements moyens et l, l', l'' leurs longitudes moyennes, on a constamment entre ces grandeurs les relations suivantes :

$$l - 3l' + 2l'' = 180°$$
$$n - 3n' + 2n'' = 0$$

Laplace a montré dans sa mécanique céleste, que, si les conditions initiales ont été telles que ces égalités soient approximativement satisfaites, l'action mutuelle des satellites suffit à les perpétuer, mais avec une inégalité périodique d'autant plus faible que les inégalités étaient plus près d'être vérifiées initialement. Or les observations de l'époque ne mettent aucune inégalité périodique en évidence. Comme il y a « l'infini contre un à parier » que l'égalité stricte ne pouvait pas être rigoureusement vérifiée au départ, il faut en conclure que cette inégalité périodique a existé dans le passé et qu'une cause l'a fait disparaître. Pour Laplace, cette cause c'est la résistance qu'offrait au début l'atmosphère de Jupiter aux mouvements de ses satellites.

2. Kant

Kant ne descend jamais jusqu'à ce niveau de détail dans l'argumentation. S'il se montre moins mécanicien que Laplace – et qui s'en étonnerait ? –, et s'il va jusqu'à se mettre en contradiction avec les principes de la mécanique, cependant la similitude de leurs analyses des régularités du système solaire, de leurs hypothèses de départ et du développement général du système, ainsi que leur même souci de ne présenter qu'un vaste schéma, certes argumenté, logique et cohérent, mais duquel les calculs sont exclus (sauf quelques cas exceptionnels chez

Laplace), justifie que l'on trouve souvent rassemblés, sous le terme d'« hypothèse de Kant-Laplace », les travaux cosmogoniques de ces deux savants.

Kant, tout en admettant avec Newton que les espaces interplanétaires sont vides, reste frappé par l'aptitude des tourbillons cartésiens à rendre compte des régularités cinématiques dans le système solaire. Puisque tous les savants s'accordent à voir là l'effet d'un mouvement d'ensemble initial dû à quelque cause naturelle, et qu'ils acceptent aussi maintenant le vide newtonien, ne faut-il pas supposer que l'espace, actuellement vide, ne l'a pas toujours été ? Et puisque Kant ne résiste pas au désir de partir d'un état du monde aussi primitif que possible, il admet qu'à l'origine la matière qui compose les corps du système solaire était répandue dans tout l'espace, chaos nébulaire quasi uniforme. De l'uniformité va naître la diversité. Ce n'est pas là, malgré les apparences, que Kant entre en opposition avec les principes de la mécanique : son état primitif de quasi-uniformité est bien instable, le moindre centre de condensation devient un centre d'attraction. D'autant plus qu'à la différence de Laplace, qui envisagera une nébuleuse uniquement gazeuse, Kant imagine une nébuleuse primitive de « particules », terme un peu flou qui désigne aussi bien des molécules de gaz que des poussières ; à la gravité comme cause de condensation s'ajoute un collage progressif des particules qui se heurtent dans leurs mouvements. Mais comment le chaos kantien s'organise-t-il ?

Admettons donc que, à l'origine, il se soit trouvé dans la nébuleuse primitive, là où le Soleil va se former, une légère prépondérance de densité et, par suite, d'attraction ; cette masse première va grossir par l'afflux des matériaux, les plus lourds se pressant particulièrement dans la région devenue centrale, car, seuls, ils réussissent à pénétrer le chaos des matériaux plus légers. Dans les mouvements qui résultent de la chute inégale des corps, les résistances produites entre les particules ne peuvent pas être parfaitement les mêmes ; il en découle, çà et là, des déviations latérales, et, selon Kant, s'applique alors une loi générale des réactions mutuelles des corps : ceux-ci se poussent, se gênent, se détournent et, pour ainsi dire, tâtonnent jusqu'à ce qu'ils trouvent le chemin de moindre résistance. Et de conclure : ces déviations latérales aboutissent à une circulation commune dans le même sens et dans la même zone, même les particules dont le Soleil a été formé lui sont parvenues affectées déjà par cette déviation, en sorte que lui aussi est animé d'une rotation dans le même sens.

Kant imagine donc que les particules se mettent en mouvement sous l'action de la gravité et qu'une police spontanée se fait par l'effet des chocs eux-mêmes, engendrant un mouvement circulaire, alors que la nébuleuse était initialement au repos. Malheureusement pour Kant, le moment de rotation d'un système isolé est constant ; ce moment doit rester nul s'il l'est initialement. Nous reviendrons sur ce problème du moment de rotation du système solaire et nous verrons qu'il sera à la base des attaques les plus incisives contre l'hypothèse nébulaire, même sous la forme que lui a donnée Laplace, et bien que celui-ci, pour ne pas se poser le problème de la mise en giration de la nébuleuse, se soit donné une nébuleuse initialement en rotation au cœur de laquelle tournait déjà sur lui-même un proto-Soleil. Kant voulait non seulement partir d'un état le plus primitif possible du système mais, frappé par les analogies de structure entre le système solaire et la Voie lactée tout entière, expliquer aussi la formation de la galaxie.

Moins mécanicien, Kant se montre… plus philosophe ! Et son désir de partir d'un état zéro du monde l'entraîne à se mettre sur ce point précis en opposition absolue avec les principes de la mécanique. C'est encore le philosophe qui ne résiste pas à la tentation de terminer son *Histoire naturelle générale et théorie du ciel* par des réflexions sur les habitants des planètes. Signe d'une formidable mutation des mentalités : après des siècles et des siècles d'une vision étroitement géocentrique et anthropocentrique du monde, en ce milieu du XVIIIe siècle beaucoup de savants croient à la pluralité des mondes habités et osent le proclamer. Le cosmos éclate ; à la conception d'un monde hiérarchisé, de dimension modeste, créé pour l'homme, au centre duquel trône une Terre immobile, se substitue rapidement celle d'un univers quasiment infini où la Terre, grain de poussière lancé dans l'espace comme n'importe quelle autre planète, non seulement n'occupe plus une place privilégiée dans l'univers mais ne bénéficie pas même d'une place assignable.

Mondes habités, et tout particulièrement les planètes du système solaire, conséquence directe de la chute du géocentrisme : si la Terre est une planète comme les autres, les autres planètes sont des terres, et, par analogie, puisque la Terre est habitée, pourquoi les planètes ne le seraient-elles pas ?

Kant, donc, décide de livrer ses réflexions sur les éventuels habitants des planètes. Son opinion est qu'il n'est pas absolument nécessaire de croire que toutes sont habitées, quoiqu'il soit absurde de le nier pour toutes ; et celles qui ne le sont pas aujourd'hui le seront un jour. Puisqu'il est évident que certaines planètes sont habitées, il est intéressant, pour un philosophe, de chercher comment varient les caractères des habitants en fonction de la position de leur demeure dans le monde, relativement au centre du système, d'où émanent lumière et chaleur qui vivifient tout. Entendons bien : il ne s'agit ni de morale ni de conformation physique, il s'agit d'intelligence. Car, en dépit de la distance qu'il faut reconnaître entre la force pensante et le mouvement de la matière, entre le corps et l'âme douée de raison, il est pourtant certain que l'homme, qui tire toutes ses connaissances et ses idées des impressions que l'univers éveille en son âme par l'intermédiaire du corps, dépend entièrement, aussi bien au point de vue de la clarté de ces impressions que de la promptitude à les réunir et à les comparer, des propriétés de la matière à laquelle le Créateur l'a enchaîné.

Puis Kant montre que les puissances de l'âme humaine sont limitées et gênées dans leurs manifestations par une matière grossière à laquelle elles sont intimement unies. Et comme il est également évident que les propriétés de la matière sont subordonnées à l'influence du Soleil qui vivifie cette matière à proportion de sa distance, on pourrait croire que l'intelligence a tout à gagner à se rapprocher du Soleil. Il n'en est rien, et c'est tout le contraire que pense Kant. Les matériaux dont est formé le corps des habitants des planètes lointaines doivent être plus légers et plus fluides, afin que la faible excitation que peut produire le Soleil à ces distances suffise à donner à cette machine des mouvements aussi vifs que ceux des habitants des planètes proches de l'astre central ! Étrange raisonnement où se mêlent le finalisme et le mécanisme le plus élémentaire. Il fait bon philosopher sur Saturne. Et Kant, parcourant le système solaire, s'enthousiasme :

> Quelle vue admirable ! D'un côté nous voyons, [sur Mercure et Vénus], des créatures pensantes auprès desquelles un Groenlandais ou un Hottentot serait un Newton, et de l'autre côté, [sur Jupiter et Saturne], d'autres qui regarderaient celui-ci comme un singe[1].

Laplace, avec son intelligence moyenne de Terrien (ou de Martien), évoque lui aussi la possibilité d'autres mondes habités, sous l'angle purement statistique, et remarque également qu'à d'autres conditions doivent correspondre d'autres formes de vie, mais il se garde, en bon positiviste, d'en dire plus. Quoi qu'il en soit, les travaux cosmogoniques de Kant méritent leur place à côté de ceux de Laplace. Un nouvel élan est donné à la cosmogonie, et, en un siècle, bien des barrières sont tombées. En ce début du XIXe siècle, les astronomes, les naturalistes et les géologues disposent d'une bonne base de départ pour progresser. L'hypothèse de Kant-Laplace va déclencher un grand débat, puis de dures polémiques qui ne s'apaiseront que dans les années 1950.

1. Kant, *Histoire naturelle générale et théorie du ciel*, *op. cit.*, p. 195.

VI. Les premiers continuateurs de Laplace

1. Faye

Simple dans ses grandes lignes, clairement exposée, affranchie du redoutable arsenal mathématique de la mécanique céleste, donc facile à saisir, jouissant du prestige du premier grand continuateur de Newton, l'hypothèse nébulaire de Laplace va régner sans partage pendant la plus grande partie du XIXe siècle. Toutefois, peu de travaux réellement importants verront le jour et la cosmogonie piétinera quelque temps. Qu'ils louent Laplace inconditionnellement, comme Ch. Wolf[1], ou qu'ils prétendent sinon critiquer son hypothèse, du moins la corriger, comme H. Faye, les cosmogonistes de ce siècle tenteront des généralisations prématurées ou examineront, pour y répondre, des faiblesses ponctuelles de cette hypothèse, mais ils feront rarement œuvre originale.

De ce point de vue, les travaux de Faye, publiés en 1884, restent exemplaires. Faye regrette que l'hypothèse de Laplace se limite au système solaire et qu'elle ignore les grands mouvements de translation que l'on constate dans l'univers des étoiles. Ensuite, il rappelle que la cosmogonie de Laplace est en grande partie fondée sur la supposition que tous les mouvements du

1. Charles Wolf (1827-1918), astronome français à qui l'on doit la première traduction française de la *Théorie du ciel* de Kant, qu'il publie à la suite de ses *Hypothèses cosmogoniques*, Paris, Gauthier-Villars, 1886.

système solaire se font dans le même sens, or, s'il est vrai que toutes les planètes circulent dans le même sens, qui est celui de la rotation du Soleil, il était abusif d'étendre cette constatation aux rotations de toutes les planètes et aux révolutions de tous les satellites : c'est ce que les découvertes de la rotation rétrograde d'Uranus et de la révolution rétrograde du satellite de Neptune viennent de montrer.

La tentative cosmogonique de Faye va s'appliquer à l'ensemble des mondes dont se compose l'univers, les différences entre ces mondes tenant non à des modes de formation spéciaux, mais à quelque diversité dans les conditions d'origine propre à chacun d'eux. Faye commence donc par une classification des mondes, et précise d'abord ce qu'il entend par « mondes » et par « univers ». Pour lui, l'univers est l'ensemble non pas de tout ce qui existe, mais de ce que nous voyons se dessiner en perspective sur le ciel. Il s'étend en raison de la puissance optique de nos télescopes et il nous apparaît aujourd'hui bien plus grand qu'aux siècles passés ; cependant, que l'on se rassure, nous touchons au but ! Si nos télescopes ne nous montrent pas encore tout l'univers, ils atteignent pratiquement les bornes de l'existence stellaire. Forme extrême de cette illusion permanente des astronomes, et sans laquelle ils n'oseraient pas l'aventure des théories cosmogoniques : peut-être ne voyons-nous pas tout l'univers, mais l'échantillon qu'il nous est permis d'observer est suffisamment représentatif du TOUT pour que nous en comprenions la structure. Et précisons que la cosmogonie de Faye est finitiste : l'univers est fini dans l'espace et son histoire est finie dans le temps. Mais revenons aux définitions. Un monde n'est qu'une unité dans l'ensemble de l'univers. C'est un système de corps unis par les liens d'une attraction mutuelle. Tel est le système solaire, notre monde, qui se compose d'une étoile centrale, le Soleil, et d'une foule de petits corps froids et obscurs, les planètes et leurs satellites.

La classification de Faye est assez simple. Dans l'univers, on trouve deux types d'objets vraiment distincts : les nébuleuses et les étoiles ; néanmoins ces types se combinent de tant de façons diverses, et les mondes qui en résultent sont si variés, que, pour s'y reconnaître, Faye est obligé de recourir à une classification morphologique, comme les naturalistes l'ont fait pour décrire la multitude des êtres vivants. De cette classification, il n'y a rien à retenir, si ce n'est les conclusions qu'il en tire sur la structure de l'univers et sur sa naissance.

Faye se pose une question. De la nature de ces mondes et de leur distribution, ne pourrait-on pas déduire qu'il existe un plan général de l'univers et que, comme l'ont pensé Wright[1], Kant, Lambert[2] et Herschel, l'univers lui-même forme un monde d'ordre supérieur, retenant les mondes secondaires autour de son centre par les liens de l'attraction universelle ? L'idée est séduisante et paraît être conforme à l'aspect de la Voie lactée, cette « prodigieuse accumulation d'étoiles, de nébuleuses et d'amas stellaires qui fait le tour entier du ciel ». De cet aspect, les astronomes mentionnés ont conclu que l'univers forme une couche plate d'étoiles, structure gigantesque mais néanmoins semblable à celle du système solaire.

Pour séduisante qu'elle soit, et malgré la part de vérité qu'elle recèle, Faye refuse cette conclusion. Un examen plus approfondi des apparences lui suggère plutôt l'idée que la Voie lactée, loin d'être un monde d'ordre supérieur obéissant, aujourd'hui comme dans le passé, aux lois fixes de la gravitation, n'est rien de plus que le résidu de l'ensemble des matériaux qui ont primitivement constitué l'univers mais se sont progressivement disséminés dans l'espace. La Voie lactée offre plus d'analogie avec un vaste anneau en train de se décomposer en lambeaux qu'avec une couche plate et

1. Thomas Wright (1711-1786), astronome irlandais. Il est le premier à comprendre la structure de notre galaxie, qu'il présente dans son *An Original Theory or New Hypothesis of the Universe*, publié en 1750.

2. Johann Heinrich Lambert (1728-1777), philosophe, mathématicien et astronome allemand qui imagina un univers constitué de systèmes de plus en plus vastes tournant les uns autour des autres.

homogène d'étoiles et de nébuleuses. La montagne accouche d'une souris. L'univers se réduit à une Voie lactée à l'existence précaire et à ses environs ; s'il fut un jour une vaste nébuleuse homogène, créée et mise en rotation par Dieu, il n'est plus désormais qu'une série de lambeaux disséminés dans l'espace en vertu d'impulsions originelles et qui conservent quelque trace d'un vaste tourbillonnement indépendant des attractions de la masse entière – car Faye, lui, sait que nulle nébuleuse primitivement en repos ne saurait se mettre spontanément en rotation. La généralisation tourne court. Et Faye, avant de présenter sa cosmogonie, conclut :

> Quand on aborde l'idée de l'univers, la Science hésite et l'esprit se trouble ; celle des mondes dont il se compose est bien plus accessible. Nous avons dû pourtant aller jusque-là pour chercher la trace d'une origine commune à ces mondes dans le temps et dans l'espace. En tous cas, notre classification nous permet d'assigner le rang et la place du nôtre. Il appartient au second embranchement, celui des formations stellaires ; à la classe des étoiles accompagnées de satellites, mais de satellites éteints ; à la variété des mouvements circulaires. Son Soleil est une étoile du type spectral n° 2 ; il est situé dans le plan même de la Voie lactée, mais un peu excentriquement ; il a dû se détacher de l'ensemble primitif et devenir indépendant, comme les autres. Dès lors les questions d'origine se simplifient pour lui comme pour toutes les étoiles isolées. L'existence de satellites minuscules prouve seulement que la formation de son étoile n'a pas absorbé tous les matériaux du lambeau de chaos d'où il est sorti. En étudiant ce Soleil, seule étoile qui nous soit pleinement accessible, en cherchant à découvrir son mystérieux mécanisme, nous ferons faire un grand pas à la solution du problème cosmogonique ainsi restreint, et nous la baserons sur des faits, non sur des hypothèses[1].

1. H. Faye, *Sur l'origine du monde*, *op. cit.*, p. 218-219.

Une cosmogonie « générale » qu'on peut résumer ainsi à grands traits :

1) À l'origine, création d'un vaste chaos renfermant toute la matière et toute l'énergie (à l'état potentiel) du futur univers.

2) Séparation de ce chaos en une multitude de nébuleuses primitives à la morphologie variée dont la condensation centrale va produire les systèmes stellaires et les systèmes planétaires.

3) Formation au sein de chaque nébuleuse primitive d'anneaux participant à la rotation générale et donnant naissance à différentes sortes de nouvelles petites nébuleuses.

4) Dans le cas particulier où la nébuleuse primitive est sphérique et homogène, formation d'anneaux réguliers, situés quasiment dans le plan de l'équateur et donnant naissance à des nébuleuses planétaires, circulant toutes dans le même sens et animées d'un mouvement de rotation sur elles-mêmes (fig. 3).

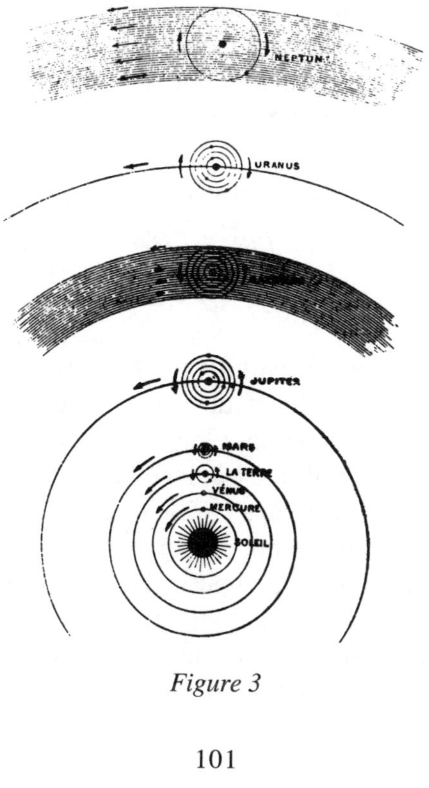

Figure 3

5) Formation au sein de ces nébuleuses planétaires de systèmes secondaires d'anneaux et de satellites.

Ce cinquièmement est consacré bien évidemment au cas de notre système solaire, et Faye y présente la solution qu'il propose au défaut ponctuel, mais fondamental, de l'hypothèse de Laplace.

Il s'agit donc de rendre compte de la rotation rétrograde d'Uranus. Pour cela, il envisage une évolution de la loi d'attraction dans la nébuleuse au cours du temps : hypothèse *ad hoc* particulièrement gratuite et difficilement justifiable ! À l'instant initial, la nébuleuse est considérée comme sphérique et homogène. L'attraction est proportionnelle à la distance au centre ; ce qui s'écrit $A = Kr$, où K est une constante et r la distance au centre. Le temps passant, l'attraction mutuelle, les frottements et les chocs vont favoriser l'apparition d'une condensation centrale. Au prix d'une raréfaction de la nébuleuse primitive, le Soleil se forme au centre, faisant le vide autour de lui et abandonnant des anneaux concentriques. Une fois le Soleil formé, l'attraction devient proportionnelle à l'inverse du carré de la distance ; ce qui s'écrit : $A = K'/r^2$.

D'où dans la période intermédiaire la loi d'attraction :

$$A = B(t)r + C(t)/r^2$$

où $B(t)$ varie de K à 0 et $C(t)$ varie de 0 à K'

À partir de cette loi évolutive, Faye examine le comportement des anneaux et en déduit que les planètes à rotation directe sont les plus anciennes ; l'âge relatif des différentes planètes est inverse de celui que Laplace leur assignait. Dans cette hypothèse, la Terre serait plus vieille non seulement que Jupiter mais que le Soleil lui-même, puisque au moment où elle s'est formée $B(t)$ était grand et $C(t)$ petit : la condensation était alors faiblement avancée. Cf. les calculs de Faye en annexe.

Faye, par cette description, non seulement pensait expliquer la rotation rétrograde des planètes lointaines, Neptune et Uranus, mais espérait échapper aux critiques naissantes des géologues et des physiciens. En effet, à cette époque, les géologues estimaient que les dépôts de sédiments terrestres depuis le début de l'ère primaire avaient exigé un minimum d'une centaine de millions d'années ; et les physiciens, eux, faute de connaître les mécanismes du rayonnement solaire, pensaient que le Soleil ne pouvait avoir qu'une cinquantaine de millions d'années. Il était séduisant de faire naître la Terre avant le Soleil. Malheureusement pour Faye, à cette même époque, l'étude des fossiles cambriens invitait à penser que les conditions générales de la vie n'étaient pas alors extrêmement différentes de ce qu'elles sont aujourd'hui. On ne voit pas comment la vie, telle que nous la connaissons sur Terre, aurait pu se développer sans le Soleil.

Nous avons vu que la théorie de Faye fut imaginée essentiellement pour répondre à la découverte de la rotation rétrograde d'Uranus, phénomène qu'il estimait incompatible avec la théorie des anneaux de Laplace. Il est vrai que Laplace, qui ne connaissait que des mouvements directs, avait eu l'imprudence d'annoncer que si l'on découvrait une nouvelle planète ou un nouveau satellite, il y avait des milliers de milliards contre un à parier que la rotation de cette planète ou la révolution de ce satellite seraient directes. Avec la découverte de la rotation d'Uranus et des révolutions des satellites de Neptune, Laplace perdait son pari. Faye ne devait pas mettre longtemps à perdre le sien. En effet, si pour celui-ci les planètes peuvent aussi bien tourner sur elles-mêmes dans un sens ou dans l'autre, selon l'époque de leur formation, en revanche les satellites doivent toujours tourner autour de leurs planètes respectives dans le sens de la rotation de celles-ci. Or on connaît maintenant des satellites de Jupiter et de Saturne à révolution rétrograde.

Finalement, l'hypothèse de Laplace est si schématique qu'il est illusoire de penser qu'on puisse la critiquer puis la modifier en s'attachant à répondre exclusivement à l'une quelconque de ses faiblesses. Pour « sauver » le cas particulier d'une révolution rétrograde, Faye a construit une cosmogonie qui rend moins bien compte des grandes régularités du système solaire que celle de Laplace et qui, pour répondre aux géologues, embarrasse les naturalistes ! C'est le sort habituel des hypothèses *ad hoc*. La bonne démarche consistait à soumettre d'abord la cosmogonie de Laplace au calcul : Roche sera le premier à le faire.

2. Roche

Roche considère la nébuleuse primitive telle que Laplace la présente. À ce moment de la genèse du système solaire, elle est constituée d'une condensation centrale entourée d'une atmosphère extrêmement ténue. La masse de l'atmosphère peut être estimée négligeable par rapport à celle du noyau central supposé sphérique. Partant de la masse de ce noyau et de la vitesse angulaire de la nébuleuse primitive, Roche recherche alors les points de l'espace où la somme des effets de la pesanteur et de la force centrifuge est égale à une certaine valeur constante K. Ces points se répartissent sur des surfaces de révolution autour de l'axe de rotation. Pour comprendre ce qui se passe pour les différentes valeurs de la constante K, il suffit d'étudier la forme des courbes méridiennes. La figure 4 montre des méridiennes, numérotées de 1 à 5, correspondant à des valeurs de K décroissant de K_1 à K_5. Le phénomène intéressant mis en évidence par Roche est l'existence, pour une certaine valeur de K, de deux points doubles A et A′ (courbe n° 3), où la force centrifuge balance exactement la pesanteur. À partir de là, Roche montre que la surface libre de l'atmosphère qui entoure le Soleil est engendrée par la révolution de la courbe n° 3 autour de l'axe de rotation. À un moment donné, la nébuleuse a une forme lenticulaire à arête terminale vive dans le plan de l'équateur ; lorsque, par suite du refroidissement, la nébuleuse se contracte, la vitesse angulaire augmente et la surface de la nébuleuse se trouve réduite tout en restant semblable à elle-même : une couche fluide en cxcès coule des pôles vers l'équateur et s'échappe, comme par une ouverture, le long de l'arête saillante. La matière de cette couche cesse alors de faire partie de la nébuleuse et, la force centrifuge équilibrant la pesanteur, continue à décrire des cercles autour du centre dans le plan de l'équateur. On retrouve le mode de formation des anneaux de Laplace.

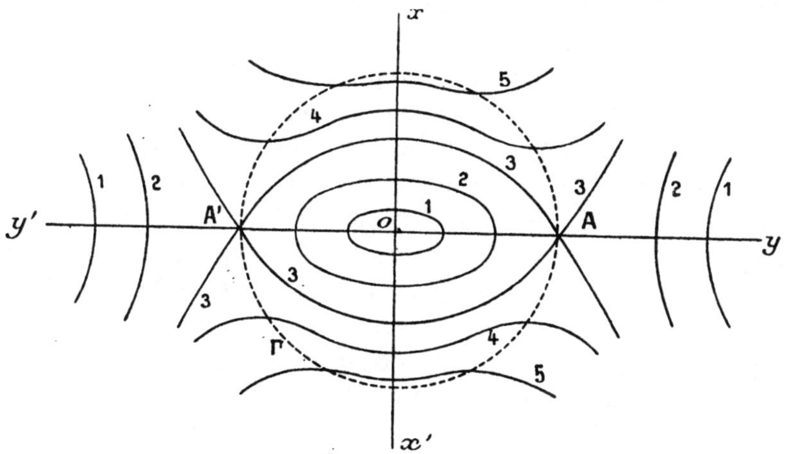

Figure 4

Si le refroidissement était uniforme, cet abandon de matière le serait également et la nébuleuse n'abandonnerait pas vraiment des anneaux mais deviendrait une sorte de grand anneau de Saturne. Il faut donc supposer que le refroidissement n'obéit pas à un processus continu.

Examinons deux cas extrêmes. Si le refroidissement est purement superficiel, le volume de la nébuleuse diminuera mais la vitesse augmentera peu parce que l'atmosphère est très ténue ; il n'y aura pas de formation d'anneaux. Si, au contraire, le refroidissement est surtout central, le volume changera peu mais la vitesse angulaire augmentera nettement par suite de la prépondérance de la masse du proto-Soleil, de même, donc, que la force centrifuge : il y aura production d'anneaux de vapeur, mais celle-ci ne sera pas immédiatement consécutive au refroidissement central, car il faut un certain temps pour que les frottements atmosphériques transmettent la vitesse angulaire du noyau à la périphérie.

Finalement, pour qu'il y ait production d'anneaux, il faut que, d'une part, un proto-Soleil habite le centre de la nébuleuse, conformément à l'hypothèse de Laplace, et que, d'autre part, des phases de refroidissement superficiel alternent avec des phases de refroidissement central.

Comment Roche rend-il compte de ces alternances ? Quand une couche atmosphérique coule le long de la surface nébulaire vers l'équateur, la mise à nu des couches plus basses provoque un refroidissement superficiel ; tant que dure ce refroidissement, il ne se produit pas d'anneau. Quand le refroidissement gagne la zone centrale, un anneau est rapidement produit, ce qui entraîne un nouveau glissement de matière le long de la nouvelle surface, donc une nouvelle perte de chaleur pour les régions superficielles, et ainsi de suite. De plus, ce mécanisme, confronté à la relation de Titius-Bode, qui rend compte de la distance des planètes au Soleil, permet d'estimer l'âge relatif des planètes. Les plus extérieures sont bien les plus anciennes, conformément à la théorie de Laplace et contrairement à ce que pensait Faye, et la nébuleuse abandonne des anneaux à des époques qui croissent en progression arithmétique. Les planètes se sont formées à des intervalles de temps à peu près égaux.

Mais revenons à l'anneau abandonné par la nébuleuse. Il est formé des particules qui se trouvaient déjà au voisinage de l'équateur. Celles qui ont glissé des pôles vers l'équateur possédaient à l'arrivée des vitesses linéaires trop faibles pour participer à la rotation circulaire de l'anneau abandonné. Elles se regroupent en traînées elliptiques d'orientations et de grandeurs diverses mais toutes dans des plans très voisins du plan de l'équateur. Les chocs résultant de leur coexistence finiront par transformer les traînées elliptiques en un système de cercles concentriques que Roche appelle « anneau intérieur », dont l'importance est grande en cosmologie. Un anneau intérieur pourra aussi bien disparaître, si la résistance de l'atmosphère nébulaire est assez grande pour obliger ses particules à tomber vers le noyau central, que subsister, si cette résistance est faible. Dans ce dernier cas, un tel anneau intérieur peut expliquer la formation de certains satellites. Encore faut-il ajouter que, pour qu'il joue un rôle cosmogonique, il est nécessaire qu'il soit principalement constitué de poussières. Si, en effet, un anneau intérieur était entièrement gazeux, il se mélangerait par diffusion à l'atmosphère gazeuse et ne pourrait en aucun cas subsister. C'est-à-dire que, si les travaux de Roche plaident pour les mécanismes de formation du système solaire selon Laplace, en revanche ils justifient la composition « physique » de la nébuleuse selon Kant.

Ainsi, les calculs de Roche montrent qu'une nébuleuse, telle que celle imaginée par Kant, peut produire non seulement des anneaux qu'elle abandonne, mais aussi des anneaux intérieurs, qui se transformeront les uns en planètes et les autres en satellites. Pour cela, il faut qu'ils deviennent instables à un moment ou à un autre – sans quoi le monde solaire ressemblerait à un gigantesque Saturne flanqué de son système d'anneaux. Poincaré, reprenant les travaux de Roche et de J.C. Maxwell sur les anneaux de Saturne, a montré que cette stabilité était liée au respect de deux inégalités mettant en cause la densité de l'anneau et la vitesse angulaire. Si l'anneau est stable dans les premiers temps de sa formation, il est peu probable que cette stabilité puisse durer : par suite du refroidissement, la densité augmente et le frottement des couches les unes sur les autres tend à uniformiser leurs vitesses angulaires, qui tendront vers une vitesse constante. Deux raisons qui rendent les deux inégalités incompatibles et provoquent la rupture de l'anneau. Il se rompt en plusieurs parties, chacune décrivant une orbite autour du Soleil, à la façon d'un satellite. Si toutes ces petites proto-planètes, nées de la rupture de l'anneau, étaient rigoureusement à la même distance du Soleil, leurs vitesses seraient égales, elles se suivraient perpétuellement sans jamais pouvoir se réunir, mais si leurs distances au Soleil sont légèrement différentes, leurs vitesses le seront aussi et l'une des proto-planètes rejoindra l'autre : si la différence de leurs distances au Soleil est plus petite que la somme de leurs rayons, elles se choqueront et se réuniront en une seule masse qui, à son tour, pourra en rejoindre une autre. Poincaré montre de plus que ce processus de formation explique que la plupart des planètes aient une rotation directe : explication fondée sur l'action des marées qui donne raison globalement à Laplace (mais celui-ci invoquait pour cela la rotation initiale de la nébuleuse primitive) et donne tort, une nouvelle fois, à Faye.

3. Darwin

Autres travaux qui émergent de la grisaille générale : ceux de G.H. Darwin. Ils sont liés à ses études sur les marées, cependant ce ne sont pas les problèmes cosmogoniques qui ont rappelé aux astronomes l'importance des phénomènes de marées, mais le problème de l'accélération du moyen mouvement de la Lune.

Toutes les hypothèses que nous avons jusqu'ici examinées postulent une grande stabilité du système planétaire, en tout cas dans son état actuel. Faye admet bien que les anneaux qui donnent naissance aux planètes sont formés beaucoup plus loin du Soleil que l'emplacement actuel des planètes correspondantes, mais cette mouvance est du passé : elle est liée au mécanisme de formation ; dans l'avenir, le Soleil pourra bien s'éteindre et la vie disparaître du globe terrestre, pour lui

> les planètes obscures et froides continueront à circuler autour du Soleil éteint. Sauf ces mouvements, représentants derniers du tourbillon primitif de la nébuleuse que rien ne saurait

effacer, notre monde aura dépensé toute l'énergie de position que la main de Dieu avait accumulée dans le chaos premier[1].

Et, dans l'édition de 1884, il ajoute : « les mouvements purement astronomiques du système continueront indéfiniment[2] ».

Darwin étudie l'influence des phénomènes de marées sur les mouvements, et donc sur les distances, dans le système solaire. Le point fondamental de sa théorie est la transformation de la quantité de mouvement de rotation d'une planète, à mesure qu'il est détruit par le frottement des marées, en quantité de mouvement orbital du corps qui est responsable des marées. Il s'agit ici de marées au sens large, c'est-à-dire non seulement de l'action qui soulève les masses liquides qui peuvent exister sur une planète, mais de celle qui affecte la masse entière d'une planète qui n'est pas absolument rigide et qui par conséquent est déformable. Même dans son état actuel la Terre n'échappe pas à de telles déformations ; pour qu'il n'en fût pas ainsi, il faudrait lui supposer une rigidité supérieure à celle de l'acier. À plus forte raison, dans les premiers temps de son existence, la Terre, primitivement plus visqueuse, a-t-elle dû subir les marées dans toute sa masse.

Darwin examine d'abord le cas du système Terre-Lune et suppose que ces deux astres sont seuls en présence. La Terre tourne sur elle-même dans un intervalle de temps plus court que la période de la révolution de la Lune. Si la théorie statique des marées s'appliquait, la surface des océans formerait un ellipsoïde dont le grand axe serait dirigé vers la Lune. Mais les frottements entraînent un retard de la marée sur l'instant du passage de la Lune au méridien. Le grand axe de l'ellipsoïde fait un certain angle avec la ligne TL (fig. 5, p. 110). Par conséquent, la résultante *R* de l'attraction de la Lune sur les molécules terrestres ne passe pas par le centre de gravité T de la Terre, mais

1. H. Faye, *Sur l'origine du monde, op. cit.*, p. 311-312.
2. *Sur l'origine du monde*, Paris, Gauthier-Villars, édition de 1884, p. 255.

par un point A voisin de T. Il s'ensuit que cette force appliquée en A tend à ralentir le mouvement de rotation de la Terre. Réciproquement, l'attraction R' de la Terre sur la Lune peut être considérée comme la résultante d'une force dirigée suivant la ligne des centres TL, presque égale à la force entière, et comme une force, comparativement très petite, à très peu près tangentielle à l'orbite lunaire et dirigée dans le sens du mouvement de révolution du satellite. Une telle force aura pour effet d'accroître la vitesse de la Lune, mais, après un certain temps, cette accélération aura éloigné la Lune de la Terre jusqu'à ce qu'elle ait perdu, en se mouvant en sens contraire de l'attraction terrestre, autant de vitesse qu'elle en avait gagnée par l'action de cette force accélératrice. Finalement, l'effet de cette force tangentielle est d'éloigner la Lune de la Terre, et par conséquent de diminuer sa vitesse angulaire de révolution. En d'autres termes, le résultat final est, pour la Terre, une augmentation de la durée du jour, pour la Lune, une augmentation de la durée du mois. Et les choses peuvent continuer ainsi jusqu'à ce que la Terre et la Lune soient amenées à tourner toutes les deux comme un corps rigide autour de leur centre commun d'inertie, en se regardant toujours par les mêmes faces.

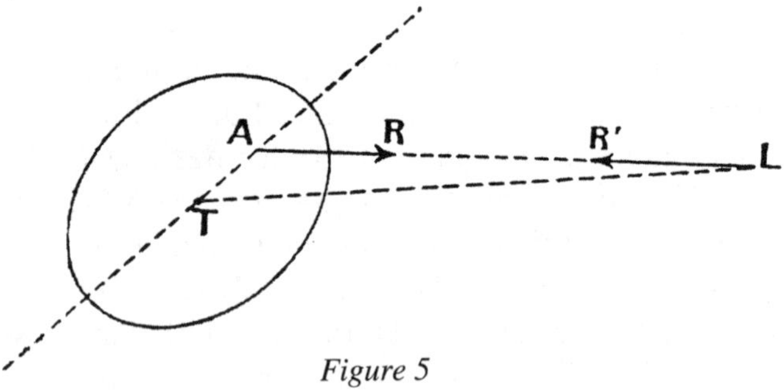

Figure 5

On comprend bien que la Terre, freinée par la marée, ralentisse, mais il paraît paradoxal qu'une accélération orbitale produise une diminution de la vitesse angulaire de la Lune ; inversement d'ailleurs, un freinage par frottement atmosphérique accroîtrait cette vitesse. Le paradoxe n'est qu'apparent. Le phénomène découle directement de la troisième loi de Kepler : *les carrés des durées de révolution sont proportionnels aux cubes des demi-grands axes des orbites*. Si les durées de révolution croissent quand les grands axes des orbites croissent, les vitesses angulaires diminuent ; or, dans un premier temps, l'accélération tangentielle éloigne la Lune de la Terre ; il lui faut donc, une fois sur sa nouvelle orbite, ralentir.

Ce qui intéresse Darwin n'est pas tant de prévoir l'avenir du système Terre-Lune que de remonter dans le passé, de retracer l'histoire de ce système. Il remonte ainsi jusqu'à une époque où la Lune, presque en contact avec la Terre, tournait autour d'elle en un temps un peu plus long que la durée du jour terrestre, qui était à cette époque plus petite que la durée actuelle : de l'ordre de cinq heures. De là, il est tentant d'imaginer la formation de la Lune. Il est possible que, à une époque encore plus ancienne, la Terre, masse visqueuse, ait tourné sur elle-même en moins de quatre heures et ait exécuté sa révolution autour du Soleil en une année à peine plus petite que l'année actuelle. La Terre et la Lune ne formaient alors qu'un seul globe. La rapidité de rotation d'un tel globe quasi fluide aura provoqué un aplatissement assez important pour que la marée produite par le Soleil arrache la Lune à la Terre. La déformation a pu, en effet, à une certaine époque, devenir très importante, s'il est arrivé que la période de la marée soit la même que celle de l'oscillation élastique du globe quasi fluide.

Pure spéculation de la part de Darwin ; mais à partir du moment où la Lune se trouve associée à la Terre, quelle qu'en soit la cause, il suit mathématiquement les phases de leur histoire et constate qu'il reconstitue ainsi un système Terre-Lune qui ressemble étrangement à celui que nous voyons aujourd'hui évoluer sous nos yeux. Cette constatation le conduit à rechercher les traces d'une semblable évolution, dominée par les phénomènes de marées, dans les autres systèmes de satellites puis dans le système solaire tout entier, les planètes n'étant que des satellites du Soleil. À ceci près que le rapport des masses entre les objets est essentiellement différent : alors qu'il est faible dans le système Terre-Lune (de l'ordre de quatre-vingts), il est très important dans le système solaire, même pour Jupiter, la plus massive des planètes : le Soleil est près de 1 100 fois plus massif que Jupiter, et près de 350 000 fois plus massif que la Terre. Dans le cas de la Terre, il en résulte que l'effet de la marée due au Soleil est 110 000 fois supérieur à celui de la marée solaire due à la Terre. Autant dire qu'il suffit de considérer l'effet produit par le Soleil, considéré comme rigide, sur une planète qu'il déforme incessamment.

Rappelons que le phénomène de base de l'évolution des distances et des mouvements dans le système solaire est, pour Darwin, la transformation de la quantité de mouvement de rotation d'une planète en quantité de mouvement sur l'orbite. L'essentiel de l'étude consiste donc à déterminer les valeurs de ces deux quantités et à calculer l'accroissement de la vitesse orbitale qui a pu entraîner le ralentissement de la rotation. Or Darwin constate que la quantité de mouvement de rotation d'une planète quelconque, même agrémentée des quantités de mouvement orbital de ses satellites, qui en dérivent, est toujours très faible par rapport à la quantité de mouvement de la planète dans son mouvement orbital. Pour que l'effet de marée puisse accroître notablement les distances des planètes au Soleil, il aurait fallu que les rotations des planètes sur elles-mêmes fussent extrêmement plus rapides autrefois qu'aujourd'hui : des milliers de fois plus rapides !

Ce qui amène Darwin à penser que le processus de formation de la Lune n'est pas applicable à l'ensemble des planètes. Il lui faut admettre que les planètes, formées de portions de la nébuleuse primitive en voie de contraction, se sont constituées à peu près aux distances où nous les trouvons aujourd'hui. Parti d'une vision plus dynamique de la formation du système solaire que celle de Faye, il arrive à une conclusion plus statique.

La relation de Titius-Bode lui confirme cette conclusion. Il faut bien que cette « loi » soit comme le vestige de l'effet des phénomènes qui ont présidé à l'abandon des lambeaux de matière de la nébuleuse, que ce soit sous forme d'anneaux ou sous forme de bouffées. Darwin constate que si les effets de marée avaient été aussi déterminants sur le jeu des distances de la Lune à la Terre, ils auraient effacé tout vestige de la répartition primitive.

Alors, beaucoup de bruit, et de travail surtout, pour rien ? S'il est certain que Darwin et d'autres ont, au départ, surestimé le rôle des marées dans la formation et dans l'évolution du système solaire, il reste que des travaux comme ceux de Darwin et de Roche ont obligé les astronomes à passer au crible des mathématiques l'hypothèse nébulaire, qu'ils ont précisé et justifié certaines vues qualitatives aussi bien de Kant que de Laplace et qu'ils ont été la base des premières critiques pertinentes contre cette hypothèse certes globalement juste, mais à l'impérialisme stérilisant.

Si l'action des marées n'a pas profondément modifié les distances et les vitesses dans le monde planétaire, elle intervient sur l'excentricité des orbites et sur l'inclinaison des axes de rotation sur le plan de ces orbites et surtout elle intervient sur la formation des systèmes de satellites.

Nous avons vu que dans la théorie de Laplace les nébuleuses planétaires se comportaient comme la nébuleuse primitive qui leur a donné naissance. Une alternance de refroidissements superficiels et de refroidissements centraux accélère la rotation de la nébuleuse par contraction et détache la matière des futurs satellites, mais le frottement de la marée solaire contrarie la contraction et diminue la vitesse de rotation qui en résulte : les époques d'instabilité, génératrices de satellites, reviennent alors à des intervalles de temps plus longs que si la contraction agissait seule. Il peut même arriver que l'action retardatrice de la marée soit assez forte pour arrêter le processus. Ce qui, pour Darwin, expliquerait que les planètes les plus proches du Soleil, comme

Mercure et Vénus, soient dépourvues de satellites, alors que les planètes lointaines, comme Jupiter et Saturne, en ont beaucoup.

La Terre, elle, n'a qu'un satellite, mais la taille de la Lune rapportée à celle de la Terre est considérable. Ce qui tiendrait au fait que, dans le cas de la Terre, l'équilibre entre l'accélération due à la contraction et le ralentissement dû à la marée solaire a pu durer très longtemps et que, par suite, la Lune est née à une époque déjà avancée de l'histoire de sa planète mère. La taille importante du satellite par rapport à celle de la planète justifierait que dans ce système les phénomènes de marées entre la Terre et la Lune aient au cours du temps profondément modifié la distance entre les deux astres.

Les singularités du système de Mars, à deux satellites, confortent Darwin dans ses idées. Phobos a dû se former au contact de Mars, comme la Lune au contact de la Terre, mais la petitesse du satellite a limité l'action des marées : il s'est peu éloigné de sa planète mère et, tandis que sa période de révolution augmentait, la vitesse de rotation de Mars diminuait, de telle sorte qu'il est bientôt venu pour ce système une époque, qui n'est arrivée que beaucoup plus tard pour le système Terre-Lune, où les deux vitesses sont devenues égales. Puis, le frottement de la marée solaire ayant continué à diminuer la vitesse angulaire de Mars, la réaction de la marée sur Phobos a changé de sens, la vitesse sur l'orbite s'est accrue et Phobos s'est rapproché de sa planète.

Finalement, les travaux de Darwin, comme ceux de Roche, n'entrent pas en contradiction mécanique avec l'hypothèse de Laplace. Ils ne bouleversent ni la genèse des planètes ni celle des satellites, ils mettent simplement en lumière les actions plus ou moins perturbatrices des marées sur l'ordonnance primitive du système solaire. De ce point de vue, dans le cas particulier de la Terre et de la Lune, ils volent même au secours de l'hypothèse nébulaire : l'action très importante des marées peut expliquer les bizarreries de ce couple qui embarrassaient les cosmogonistes et les obligeaient à introduire des hypothèses *ad hoc*.

Nous avons pourtant dit que les travaux de Darwin seraient l'un des points de départ des premières attaques contre l'hypothèse de Laplace. C'est la considération du facteur temps qui va introduire – du moins l'a-t-on pensé à l'époque – une incompatibilité entre les théories de Darwin et non seulement l'hypothèse de Laplace, mais toute cosmogonie nébulaire. Ce sera donc le principe évolutionniste qui se trouvera mis en difficulté.

VII. Le déclin de l'hypothèse nébulaire

1. Kirkwood

Deux séries d'attaques, venues l'une de l'extérieur et l'autre de l'intérieur, vont miner la domination de l'hypothèse de Kant-Laplace, amorcer son déclin et relancer l'hypothèse catastrophiste.

La première série est corrélative à l'introduction du facteur temps dans les processus de formation du système solaire. Les calculs, toujours fondés sur des hypothèses simplificatrices, ne pouvaient donner que des valeurs indicatives, mais, quelles que fussent ces hypothèses, ces calculs débouchaient toujours sur des intervalles de temps « très longs ».

Kirkwood[1], par exemple, a déterminé l'intervalle de temps entre l'instant où l'anneau, devenu instable, se rompt en plusieurs masses sphéroïdales et celui où ces masses se fondent en une seule planète ; considérant deux fragments de l'anneau de Neptune diamétralement opposés sur l'orbite moyenne et dont les distances au Soleil diffèrent de 1 500 kilomètres, il a calculé que, les vitesses étant inégales, leur jonction se ferait au bout de 150 millions d'années. G.H. Darwin avait évalué la durée minimale de l'histoire du système Terre-Lune et trouvé une valeur du même ordre de grandeur : 54 millions d'années.

1. Daniel Kirkwood (1814-1895), astronome américain ; cf. *Proceeding of the American Philosophical Society*, avril 1880.

Durées très longues ? En elles-mêmes, elles n'avaient pas de quoi effrayer les astronomes, même si la pensée occidentale était mal préparée à une telle ancienneté de l'univers. La tradition d'un monde qui ne devait durer que 6 000 ans était très vivace au XVIe siècle et encore répandue au XVIIe. Pourtant, l'énormité du temps nécessaire à la formation du système solaire fut reprochée pour elle-même à la cosmogonie de Laplace ; mais, s'il ne s'était agi que de cela, cette critique aurait fait long feu et l'hypothèse nébulaire n'en aurait pas été ébranlée. Ces évaluations de durée, confirmées et allongées par les géologues, qui ajoutent aux durées de formation des corps du système solaire celles de constitution de ces corps tels que nous les voyons aujourd'hui, sont entrées en contradiction avec la thermodynamique naissante. Plus profondément, à partir de la fin du XIXe siècle, les sciences physique, chimique, géologique et biologique apparaissent limitatives et discriminantes de toute cosmogonie. Même si Faye n'a pas vu l'ampleur du problème, il est le premier astronome à en prendre conscience :

> Jusqu'ici les astronomes avaient les coudées franches pour édifier leurs systèmes cosmogoniques. Aujourd'hui, il nous faut compter avec deux sciences nouvelles, la géologie et la paléontologie, qui nous apportent, sur les époques cosmogoniques, des documents irrécusables.

Il note que la longue série des êtres vivants qui ont successivement peuplé la Terre, grâce à une température au moins égale à celle d'aujourd'hui, a exigé, selon les biologistes, des millions d'années pour leurs transformations, depuis les cellules primitives jusqu'aux vers arénicoles et depuis ceux-ci jusqu'à l'éléphant méridional dont on pouvait, à l'époque, admirer le squelette fossilisé dans la galerie de M. Gaudry, au Muséum national d'histoire naturelle de Paris. Pour la lente formation des sédiments au sein des eaux, les géologues eux aussi réclament des dizaines de millions d'années – jusqu'à

100 millions. Or, dans son chapitre consacré au Soleil, Faye estime la réserve de chaleur de cet astre ainsi que sa dépense annuelle : les prévisions les plus optimistes ne permettent pas au Soleil de rayonner plus de 15 millions d'années. Il y a donc une contradiction frappante entre ces diverses estimations, si vagues soient-elles les unes et les autres. Pour Faye, cette contradiction doit apparaître comme insoluble à ceux qui admettent, avec Laplace, que les planètes sont sorties successivement de l'atmosphère du Soleil, car, de la provision susdite de chaleur solaire, il faudrait encore défalquer la chaleur qu'il a perdue pendant la formation de toutes les planètes. D'où, pour économiser quelques millions d'années de rayonnement, la conclusion de Faye : notre globe est plus ancien que le Soleil ! Étrange raisonnement qui ne satisfait pas plus les géologues que les biologistes : comment la vie a-t-elle pu se développer sur Terre avant que le Soleil soit formé ? La solution de Faye fait aujourd'hui sourire. Les rudiments solaires des premiers temps ont suffi. Les paléontologues nous en fournissent la preuve : les fougères qui pullulaient à l'époque sont justement des végétaux qui recherchent l'ombre ! Il en est de même des premiers insectes et des premiers animaux terrestres articulés – les scorpions –, qui vivent de préférence dans les lieux obscurs.

Si Faye ne discerne pas l'ampleur, ni la profondeur, du problème posé par la production de l'énergie solaire, s'il croit donner une réponse par sa cosmogonie, c'est parce qu'il situe mal la véritable contradiction : celle-ci n'est pas entre les propositions des cosmogonistes partisans de Laplace et celles des géologues, des paléontologues et des biologistes, mais entre les conclusions de tous ces spécialistes et celles de ceux qui cherchent à comprendre la nature du rayonnement solaire. À l'époque où Faye écrit, il y a une incompatibilité fondamentale entre âge de la Terre, âge de la vie et âge du Soleil. L'énigme de la source du rayonnement solaire n'hypothèque pas particulièrement la théorie de Laplace mais toute cosmogonie, toute histoire de la Terre, toute histoire de la vie. L'entrée en scène des géologues, des paléontologues et surtout des premiers thermodynamiciens va provoquer de multiples assauts contre l'hypothèse de Laplace. Sans doute parce qu'elle est encore à ce moment-là la référence absolue, l'hypothèse par rapport à laquelle il faut se situer, que l'on souhaite la défendre, la compléter, la modifier, la bouleverser ou la renverser. À la suite de Faye, la plupart des cosmogonistes vont tenter de construire des théories qui non seulement concilient l'âge du système solaire et l'âge maximal du Soleil mais qui répondent aux questions des physiciens du Soleil. Voie sans issue : établir une cosmogonie qui intègre bien les principales données assurées de l'astronomie planétaire était déjà (et reste) une rude tâche, vouloir de plus qu'elle résolve les problèmes des thermodynamiciens était vraiment trop présomptueux.

En tout cas, paradoxalement, ce désir de concilier la cosmogonie et la physique solaire va provoquer un glissement vers le passé proche, un peu plus loin que Laplace : les références seront désormais Kant et Buffon. Kant, parce que sa nébuleuse a semblé, un temps, plus apte à expliquer l'incroyable réserve d'énergie du Soleil. Ainsi, pour Mayer, l'essentiel de la matière originelle doit être analogue à la poussière météoritique qui tombe sur notre globe, et que les mesures de l'époque évaluaient à environ 2 millions de tonnes par an ; le Soleil en attire bien plus et sa chaleur doit être entretenue par ces chutes dont la force vive se transforme en chaleur. Buffon, parce qu'il faut « gagner du temps » et que les catastrophes sont plus économes en temps que les processus évolutifs. Peut-être aussi parce que les théories catastrophistes acceptent plus volontiers les hypothèses *ad hoc* – or, en cette période de crise et de doute, de telles hypothèses seront nombreuses.

Kirkwood, par exemple, ayant donc estimé à 150 millions d'années le temps nécessaire à la rencontre de deux morceaux du futur Neptune, note, bien sûr, la contradiction avec l'âge du Soleil, mais remarque aussi que sur un temps aussi long les masses se seraient refroidies et encroûtées, ce qui paraît incompatible avec la structure des grosses planètes. Pour échapper à cette difficulté, il imagine que les planètes ont été projetées brutalement hors du Soleil par des espèces d'éruptions solaires: elles seraient issues d'un bloc d'anciennes protubérances que le Soleil aurait abandonnées en se contractant.

2. Du Ligondès

Les cosmogonistes catastrophistes vont, de plus, recevoir l'aide bien involontaire d'évolutionnistes excessifs, tout particulièrement par les vues du colonel du Ligondès: jamais la tendance de toute cosmogonie évolutionniste à expliquer la diversité des systèmes par l'unité et l'homogénéité initiales, et à faire découler l'ordre actuel du monde de son désordre primitif, n'aura été aussi catégoriquement affirmée ni aussi scrupuleusement conduite jusqu'à ses ultimes conséquences.

La cosmogonie de R. du Ligondès se rattache directement à celle de Faye, qu'elle prétend continuer, compléter et améliorer, et, au-delà, à celle de Kant et de Descartes. Elle se donne pour tâche principale de remonter le temps jusqu'à un état indéterminé du monde tel que le cosmogoniste se trouve, comme le Dieu créateur lui-même, face à ce chaos de matière primordiale dont le monde devra naître. Du moins Descartes présentait-il sa cosmogonie comme une fable pédagogique. Que demande-t-on à une cosmogonie ? Pour du Ligondès, de nous faire remonter à un état initial non seulement du monde, mais de la matière, tel qu'on ne puisse concevoir un état antérieur plus simple. Sans doute, il n'eût pas été plus difficile à Dieu de créer l'univers dans son état de perfection complète que de faire dériver cet état d'un chaos informe; pourtant notre esprit se refuse à croire à la préexistence d'un arrangement méthodique qui pourrait être le résultat d'un laborieux calcul. On retrouve là les précautions oratoires de Descartes, qui toutefois n'aurait jamais osé accuser Dieu d'une certaine paresse mathématique. Ce qui frappe du Ligondès, c'est que, bien qu'ils obéissent tous à une loi simple et immuable – celle de la gravitation –, les mouvements des corps célestes sont infiniment compliqués et infiniment variés. Cette diversité doit être la conséquence du jeu des forces naturelles agissant depuis l'origine des temps sur la matière et dont les qualités inhérentes sont justement la transformation et le changement, et, si ces transformations se sont multipliées depuis le commencement, on doit, en remontant assez haut dans le passé, pouvoir revenir successivement à des états de plus en plus simples jusqu'à un état initial qui ne puisse lui-même dériver d'un autre plus simple et pour lequel on soit obligé de recourir à l'intervention divine, c'est-à-dire à la Création. Du Ligondès termine cette déclaration de foi métaphysique et ultra-mécaniste par cette exigence : « Une hypothèse cosmogonique, pour être complète, doit pouvoir nous conduire jusque-là, et nous ramener ensuite mécaniquement, si j'ose dire, à l'état actuel », sinon, ajoute-t-il, « on croit être arrivé à l'origine du monde et on n'est qu'au début de la formation d'un système »[1]. À la limite, il s'agit d'un problème d'étymologie ! On retrouve ce souci de respecter le sens exact du terme « cosmogonie » sous la plume d'un astronome de stricte obédience laplacienne, Ch. Wolf, qui écrit :

> une hypothèse cosmogonique, pour être complète et répondre au sens même du mot, devrait prendre la matière à l'état primitif où elle est sortie des mains du Créateur, avec ses propriétés et ses lois et, par application des principes de la mécanique, en faire surgir l'Univers tout entier tel qu'il existe aujourd'hui[2].

1. R. du Ligondès, *Formation mécanique du système du monde*, Paris, Gauthier-Villars, 1897, p. 12.

2. Ch. Wolf, *Les Hypothèses cosmogoniques*, *op. cit.*, p. 1.

Mais alors que Wolf emploie le conditionnel et se gardera bien de s'imposer un tel programme, du Ligondès n'hésitera pas à tenter l'aventure… au prix de quelques contradictions.

Ainsi, à l'en croire, Faye n'a commis qu'une erreur, celle de faire intervenir les tourbillons dès l'origine du monde : il aurait suffi de considérer la nébuleuse de Kant, de lui donner une « forme ronde » et « un peu de mouvement », et les tourbillons seraient venus d'eux-mêmes. De Faye nous voici remontés à Kant, et encore : du Ligondès prend soin de souligner que son hypothèse est, quoi qu'il y paraisse, plus générale que celle de Kant, car chez celui-ci la matière est primitivement au repos : or le repos n'est qu'un cas particulier du mouvement. Une « forme ronde » ? Hypothèse bien précise et bien arbitraire de la part d'un cosmogoniste qui, quelques pages plus haut, affirmait qu'il convenait sinon de partir du repos, du moins de laisser de côté tout mouvement primitif déterminé, car cela est infiniment plus simple et dispense de toute hypothèse autre que l'intervention divine, à laquelle on est toujours obligé d'avoir recours. Du Ligondès comprend mal une théorie cosmogonique dans laquelle les mouvements initiaux ne seraient pas abandonnés au hasard, notant toutefois que le hasard n'est pas l'antithèse de toute loi… Un bon hasard, en quelque sorte, d'où il pourra furtivement extraire les conditions initiales qui lui conviennent. À cet égard, le « un peu de mouvement » est significatif, et les prémices de sa théorie seront émaillées de restrictions discrètes de ce type. Puisque au fond c'est l'étymologie du mot « cosmogonie » qu'il faut sauver et puisque les mathématiques n'y suffisent pas, autant demander l'aide du vocabulaire. Ainsi, à l'origine les molécules se mouvaient en tous sens à l'intérieur de la masse chaotique, les unes de droite à gauche, les autres de gauche à droite, de manière à établir une compensation approchée entre les deux circulations ; la matière y était répartie d'une façon sensiblement uniforme ; et, plus loin, le lambeau dont va sortir notre système solaire est peu agité, la circulation y est presque égale, tout y est à peu près sphérique, légèrement aplati, de densité grossièrement homogène. À ce stade, il ne s'agit plus que de dissimuler les «données inadmissibles» de Laplace ou de Faye.

Du Ligondès ne se met pas, comme Kant, en contradiction avec la loi des aires ou le principe de la conservation de la quantité de mouvement. Les vitesses des molécules sont distribuées au hasard, c'est-à-dire que les vecteurs qui représentent le moment de la quantité de mouvement de chacune d'elles par rapport au centre de gravité du lambeau sont orientés dans tous les sens et ont des grandeurs différentes. La somme géométrique de tous ces vecteurs est très petite par rapport à leur somme arithmétique – c'est-à-dire par rapport à ce qu'elle serait si tous les vecteurs avaient la même direction –, mais, grâce aux petites restrictions de Du Ligondès, cette somme géométrique n'est pas nulle. Or elle représente justement le moment de rotation total du système, et ce moment reste constant à partir de l'instant où le lambeau est suffisamment séparé du reste de la nébuleuse pour qu'on puisse le considérer comme isolé. Voici donc le système solaire dans l'état où Faye l'envisageait ; et du Ligondès précise : « sans faire aucune hypothèse systématique, si ce n'est sur sa forme ronde légèrement aplatie[1] » ! La tâche de du Ligondès devrait donc être achevée puisque la seule erreur de Faye était d'avoir admis à l'origine des configurations trop déterminées et des girations trop nettes. Bien sûr, emporté par son élan, du Ligondès présente une théorie complète de l'évolution du système solaire.

Toutefois, le chaos initial ne saurait être absolu, il y faut quelques menues entorses faute desquelles aucun monde ne sortirait dudit chaos. La figure d'un lambeau chaotique dépend de la forme des trajectoires moléculaires qui le composent. Et cette figure serait stable si les trajectoires étaient des courbes fermées et si les révolutions étaient isochrones, c'est-à-dire si

1. R. du Ligondès, *Formation mécanique du système du monde*, *op. cit.*, p. 25.

le lambeau était parfaitement sphérique et homogène : cas particulier rarement rencontré. Il faut donc supposer dès l'origine des écarts à la sphéricité qui ont pour effet une augmentation continue de l'aplatissement à mesure que les chocs précipitent la matière vers le centre. Les choses se passent alors grosso modo comme si la nébuleuse était animée d'une rotation, à cette différence près qu'il n'y a ni limite à l'aplatissement ni formation d'anneaux. L'étude de la variation de l'attraction à l'intérieur du sphéroïde aplati montre que la pesanteur n'est pas proportionnelle à la distance : elle augmente d'abord et diminue ensuite de la surface vers le centre. La matière se concentre au point où la pesanteur atteint son maximum et il se forme alors dans cette zone circulaire un « bourrelet » où la densité passe elle-même par un maximum. Mais cette zone est mobile et son rayon diminue, la ligne de densité maximale progresse vers le centre : sorte d'onde mobile qui produit, entre les zones de grande densité, des vides, et donc des lignes de rupture dans le disque équatorial.

Dans une seconde phase, les amas de matière qui circulent de part et d'autre du plan équatorial sur des orbites assez peu inclinées tendent à se réunir. Il en résulte que l'ensemble des matériaux amassés près de l'équateur présente la figure d'un disque grenu et mince, plus dense que le reste de la nébuleuse, dont le profil dans un plan méridien est représenté par deux lignes qui se couperaient au centre de l'amas sous un angle faible (fig. 6).

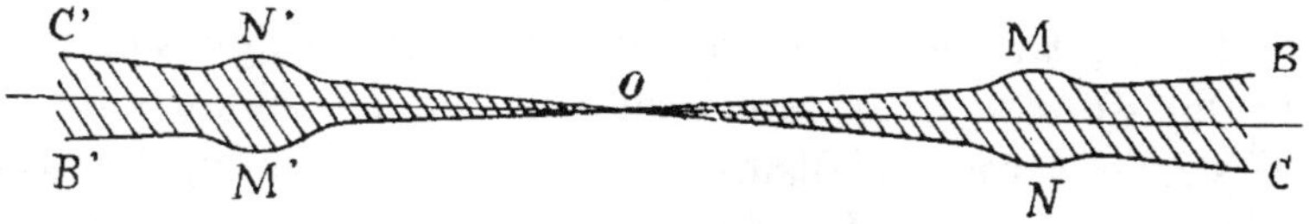

Figure 6

Par la progression de ce bourrelet de la périphérie vers le centre de la nébuleuse, du Ligondès peut désormais « expliquer » la naissance et l'ordre de naissance des planètes ! Les amas de matière qui circulent dans les régions de densité maximale vont devenir des centres d'attraction vers lesquels convergeront les amas situés sur les circonférences voisines. Il en résultera, pour le disque, une tendance à la rupture circulaire, la matière comprise entre les deux lignes de rupture se détachant du reste sous forme d'un anneau plus dense. Ce premier anneau s'accroîtra encore en attirant à lui une partie des matériaux voisins et pourra acquérir une masse prépondérante parmi tous les globes du système : il en sortira Jupiter (fig. 7).

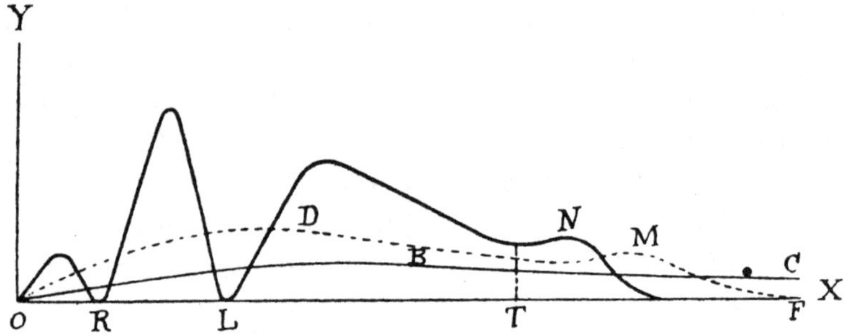

Figure 7

Un deuxième rassemblement important se formera aux confins du système solaire. Une nouvelle ligne de rupture se dessinera entre ce deuxième renflement et l'anneau jovien. Un processus qui engendrera Neptune. Le disque équatorial est maintenant partagé en quatre anneaux par trois lignes de rupture (fig. 8). Il se serait séparé en trois anneaux si les points B et C s'étaient trouvés voisins ; il se partagera en cinq s'ils sont assez éloignés. En effet, les globes qui ont formé Jupiter et Neptune attireront à eux, chacun de son côté, les amas qui circulent dans les régions B et C, provoquant deux renflements en S et U. En naîtront… Saturne et Uranus.

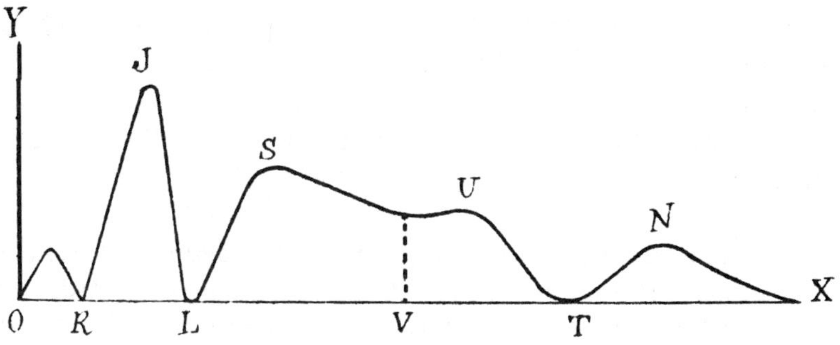

Figure 8

À partir de Jupiter, le bourrelet mobile ne trouvera plus que la confusion ! Il ne fera qu'accroître la dispersion, au moins dans le voisinage immédiat de Jupiter. Dans cette zone, la matière planétaire se trouvant éparpillée, les nouveaux amas ajoutés par le passage du bourrelet ne se réuniront ni entre eux ni aux premiers. Le résultat sera la formation d'une foule de petits corpuscules planétaires à orbites excentriques : les petites planètes qui circulent entre Mars et Jupiter.

Enfin, c'est dans le résidu équatorial situé entre le Soleil et les petites planètes que le bourrelet mobile va constituer les planètes telluriques, Mars, la Terre, Vénus et Mercure, aidé en la circonstance par les attractions très fortes de Jupiter et du Soleil, lui-même constitué par l'agglomération de la plupart des matériaux contenus dans le reste de la nébuleuse.

S'inspirant largement de la théorie cinétique des gaz, la cosmogonie de Du Ligondès n'est ni stupide ni dépourvue d'intérêt. En particulier, en introduisant, en plus des chocs, ce qu'il appelle les « demi-chocs », elle évite d'être prise dans la contradiction des évolutions inverses des masses gazeuses, qui vont de l'ordre vers le désordre, et de la nébuleuse primitive, qui va du désordre vers l'ordre. Malheureusement, le goût de Du Ligondès pour la déduction, dût-elle s'appliquer à des formes vides, l'amène à tenter d'expliquer, sans hypothèses nouvelles, les détails du système solaire, jusqu'au nombre, à la masse, aux rotations et aux distances des diverses planètes, sans oublier leur ordre de formation : d'abord Jupiter et Neptune, puis Uranus, Saturne, la Terre, Mars, Vénus et Mercure.

Poincaré critiquera cette attitude ultra-mécaniste en ces termes :

> Il nous semble prématuré de chercher à rendre compte, par des considérations *a priori*, des lois qui lient les masses des planètes aux grands axes de leurs orbites, à la durée de leur rotation, au nombre et à la répartition de leurs satellites. Si ces considérations étaient justifiées, elles devraient s'appliquer aux systèmes planétaires qui entourent toutes les étoiles, et tous ces systèmes devraient être identiques, ce qui est bien peu vraisemblable[1].

Enfin, puisque le déclin du prestige de la théorie de Laplace est, en partie, dû aux critiques des géologues, du Ligondès, comme Faye, va se préoccuper de mettre en accord sa cosmogonie avec les données de la géologie. Les géologues réclament maintenant 100 millions d'années, aussi du Ligondès pense-t-il que ce n'est pas tant dans la contraction de sa masse qu'il faut chercher la durée de la chaleur interne du globe terrestre que dans les chocs qui accompagnent cette chute des matériaux vers le centre de la proto-Terre. Ces matériaux disséminés originairement au-delà de l'orbite de Neptune sont maintenant concentrés sur une orbite assez proche du Soleil. Au début des temps, donc, la proto-Terre circule au milieu d'une poussière lumineuse et tiède (comme Mercure aujourd'hui dans la lumière zodiacale). La chaleur interne se diffuse facilement à travers les couches superficielles de la Terre : la température est uniforme, assez élevée, la lumière est faible. C'est le commencement de l'époque primaire et du phénomène paléothermal. Puis la croûte terrestre s'épaissit, la température de la Terre diminue, mais

1. H. Poincaré, *Leçons sur les hypothèses cosmogoniques*, *op. cit.*, p. 115.

le rayonnement de la nébuleuse augmente, la lumière devient assez forte pour illuminer plus d'un hémisphère à la fois. Tandis que la croûte continue de s'épaissir et la température interne à décroître, le Soleil supplée de plus en plus au déficit de la chaleur interne. C'est l'époque secondaire et celle de l'apparition des climats, la Terre est éclairée par un immense Soleil lenticulaire. Enfin le Soleil prend sa forme sphérique et subvient seul aux besoins de la vie terrestre. C'est l'époque tertiaire, celle qui précède directement l'ère actuelle. Du Ligondès écrit :

> Cette évolution singulière dans laquelle la lumière augmente tandis que la chaleur diminue fait ressembler la Terre à une vaste serre que l'on aurait fortement chauffée pendant la nuit au moyen d'un puissant calorifère dont le feu baisserait au lever de l'aurore pour s'éteindre tout à fait vers le milieu du jour. Le Soleil remplace aujourd'hui pour nous le calorifère souterrain déjà presque éteint. Mais la chaleur et la lumière solaires faibliront à leur tour. Viendra le soir, puis la nuit et il n'y a pas d'apparence que le foyer soit jamais rallumé[1] !

C'est une belle description du sort final de la vie terrestre, mais sans les bons processus ni les bonnes échelles de temps.

Cette prétention à remonter à l'origine absolue du monde par le simple jeu des lois de la mécanique céleste tout en critiquant Laplace, cette assurance dans la démarche et dans les conclusions vont provoquer les réactions des cosmogonistes non astronomes, en particulier celles d'Arrhenius[2], précipiter le déclin de l'hypothèse de Kant-Laplace, amener la désaffection pour toute théorie évolutionniste et favoriser, pour un temps, le retour en force des théories catastrophistes. D'autant plus qu'à ses critiques extérieures, finalement plus ou moins liées au décalage entre les désirs des plus impatients et l'état des connaissances,

1. R. du Ligondès, *Formation mécanique du système du monde*, *op. cit.*, p. 55 *sq.*

2. Svante Arrhenius (1859-1927), physicien et chimiste suédois.

va s'ajouter, venant du cœur de la mécanique céleste, l'attaque la plus redoutable de toutes celles qu'aura à subir toute théorie évolutionniste conséquente.

De quoi s'agit-il ? Observons un patineur : jouissant de son élan, il commence à tournoyer sur lui-même, les bras largement écartés ; puis il ramène lentement ses bras le long du corps et nous le voyons alors tourner plus rapidement. Cette expérience banale est l'une des manifestations d'un des principes de la mécanique rationnelle : celui de la conservation du moment angulaire. Le moment angulaire d'un point matériel est le produit de la vitesse de rotation par la distance à l'axe et par la masse de ce point. Cette notion de moment angulaire reste valable dans le cas d'un système de points matériels, si compliqué soit-il : il suffit de faire la somme des contributions élémentaires à ce moment angulaire des différents points du système. Pour un système de points, comme pour un seul point, le moment angulaire d'un mouvement de rotation est indestructible. C'est-à-dire que la répartition et la valeur du moment angulaire dans le système solaire actuel résultent directement de la façon dont il s'est formé.

3. Babinet et Fouché

C'est J. Babinet[1] qui, le premier, attire l'attention sur le problème du moment angulaire dans le système solaire, à la séance de l'Académie des sciences de Paris du 18 mars 1861. Babinet fait remarquer que Laplace suppose que l'atmosphère du Soleil s'est primitivement étendue jusqu'aux dernières limites du monde planétaire et que cette atmosphère, d'après la loi de conservation

1. Jacques Babinet (1794-1872), physicien et astronome français. Il a publié ses réflexions sur la cosmogonie de Laplace dans ses *Études et lectures sur les sciences d'observation et leurs applications pratiques*, Paris, Mallet-Bachelier, 1855, vol. II.

du moment angulaire (ou celle de la conservation des aires, qui est équivalente – cf. ci-dessus), a tourné d'autant plus vite qu'elle se rapprochait davantage du corps central. À chaque position où la force centrifuge devenait égale à la pesanteur, un anneau de matière cessait, dans le plan de l'équateur solaire, de suivre le mouvement de retrait de cette atmosphère. Chaque anneau ensuite se conglomérait en planète, susceptible par le même mécanisme de donner naissance aux satellites.

Bien évidemment, Babinet ne suspecte pas Laplace de n'avoir pas entrevu le problème qu'il va soulever. Il signale fort honnêtement que ce dernier mentionne expressément que, au moment de la formation de ces corps, c'est l'atmosphère seule du Soleil qui a eu cette vaste étendue ; c'est-à-dire que Laplace a pris en charge le système solaire alors qu'un proto-Soleil existait déjà, entouré d'une atmosphère, chacun tournant pour son propre compte. C'est l'une des qualités de la cosmogonie du positiviste qu'est Laplace que de considérer le système solaire dans un état tel qu'on puisse imaginer raisonnablement la suite des événements. Toutefois, signale Babinet, plusieurs personnes ont pensé que le Soleil lui-même avait été primitivement dilaté de manière à remplir l'espace entier qu'occupent maintenant toutes les planètes. Et, note-t-il, nous avons un moyen mathématique de trancher la question : c'est d'appliquer la loi de la conservation du moment angulaire.

Selon Babinet, la rotation actuelle du Soleil se fait en 25 3/10 jours ; il lui est donc possible de calculer la vitesse de rotation d'un Soleil dilaté de manière que son rayon, qui est aujourd'hui égal à 112 fois le rayon équatorial de la Terre, devienne égal à la distance de la Terre au Soleil ou à celle de Neptune au Soleil. Et Babinet trouve, dans l'hypothèse où le Soleil serait dilaté jusqu'à l'orbite terrestre, une rotation de 1 162 000 jours, soit plus de 3 000 ans. Dans l'hypothèse où il serait dilaté jusqu'à l'orbite de Neptune… plus de 27 000 siècles ! Ces nombres étant infiniment plus grands que ceux qui marquent les temps des révolutions de la Terre et de Neptune, il est impossible d'admettre que ces planètes aient été formées de la masse même du Soleil dilaté jusqu'à leurs orbes. Et, dit Babinet :

> on doit conclure de ce qui précède que si le Soleil entier eût été dilaté jusqu'aux orbes des planètes, il eût eu un mouvement de rotation beaucoup trop faible pour que la force centrifuge balançât la pesanteur et par suite pour l'abandon d'un anneau équatorial isolé de la masse totale[1].

Vingt-trois ans plus tard, devant cette même Académie, M. Fouché[2] présente la même difficulté de deux façons différentes. Le moment angulaire de tout le système solaire est connu : il est égal à la somme du moment angulaire du Soleil autour de son axe et du moment angulaire dû à la révolution des planètes autour du Soleil – on peut négliger le moment dû à la rotation des planètes sur elles-mêmes qui est très faible. Fouché fait d'abord une constatation étonnante : alors que presque toute la masse du système solaire est concentrée dans le Soleil, ce sont les planètes qui se taillent la part du lion dans la répartition du moment angulaire. Quoi qu'il en soit, ce moment n'a pas varié au cours du temps. Supposons donc que, à l'époque où la nébuleuse a abandonné l'anneau qui devait former Neptune, cette nébuleuse était homogène ; son moment de rotation devait être du même ordre que celui d'une sphère homogène, de même masse que le Soleil, et il devait tourner avec la vitesse angulaire actuelle de cette planète. Fouché trouve un moment angulaire plus de 600 fois supérieur à celui de tout le système solaire aujourd'hui. L'homogénéité de la nébuleuse à cette époque est donc impensable. Pour réduire à

1. Cf. *Compte rendu des séances de l'Académie des sciences*, t. 52, séance du lundi 18 mars 1861, p. 480-484.

2. Maurice Fouché, né en 1855, professeur de mathématiques dans un lycée parisien. Ch. Wolf a présenté les remarques de Fouché devant l'Académie des sciences : cf. *Compte rendu des séances de l'Académie des sciences*, t. 99, séance du 24 novembre 1884, p. 903-906.

ce point le moment angulaire, il faut supposer une très forte condensation au centre de la nébuleuse.

Puis Fouché présente une autre conséquence de la répartition actuelle du moment angulaire qui est peut-être plus physique encore. Supposons la nébuleuse formée d'un noyau sphérique entouré d'une atmosphère homogène s'étendant jusqu'à l'orbite de Neptune, l'ensemble tournant avec la vitesse angulaire actuelle de cette planète. La conservation du moment angulaire exige que la somme du moment de rotation du noyau et du moment de rotation de l'atmosphère vaille le moment angulaire global du système solaire actuel, le moment de la seule atmosphère valant donc moins. On peut en déduire une valeur maximale de la masse de l'atmosphère à ce stade de formation du système, masse à peine supérieure à celle de toutes les planètes réunies. Cela entraînerait que l'atmosphère entière de la nébuleuse se fût condensée en planètes. Or si l'atmosphère avait été homogène et si l'anneau avait tourné à la même vitesse que celle-ci, il n'y aurait plus eu de masse pour former le Soleil.

Une conséquence s'impose : quelles que soient les suppositions que l'on formule, le fait qu'actuellement le Soleil, malgré sa grande masse, tourne si lentement sur lui-même qu'il ne détient que 3 % du moment angulaire de tout le système solaire, alors que, par exemple, Jupiter, avec une masse 1 000 fois plus faible, bénéficie de 60 % de ce moment, ce fait donc bloque les cosmogonistes évolutionnistes à ce stade de formation du système solaire où Laplace s'emparait du problème : celui où un Soleil embryonnaire tourne à une vitesse différente de celle de l'atmosphère qui l'entoure. Ce fait interdit, sauf à trouver des mécanismes qui transportent du moment angulaire du centre du système à sa périphérie, d'envisager un état antérieur avec une nébuleuse quasi homogène d'où seraient nés le Soleil aussi bien que les planètes. Autant dire qu'il oblige pour remonter le temps à imaginer la capture de cette nébuleuse par le proto-Soleil, hypothèse *ad hoc* qui de plus introduit une mini-catastrophe au départ d'une cosmogonie résolument évolutionniste.

Cette difficulté majeure, l'irruption en cosmogonie de sciences nouvelles, et donc de données et de questions nouvelles, les excès d'évolutionnistes comme du Ligondès provoqueront une crise. Le problème cosmogonique va s'élargir brusquement : des travaux très divers, prenant en compte et interprétant souvent un peu hâtivement les dernières découvertes, se multiplient et, avant que ne viennent les théories catastrophistes assez élaborées de Jeans et de Jeffreys, la cosmogonie perd son caractère synthétique et la théorie nébulaire décline dans une atmosphère de doute et de trouble.

VIII. Floraison et victoire éphémère des théories catastrophistes

1. Mayer

Dans cette floraison de cosmogonies qui vont bientôt totalement, mais momentanément, supplanter la théorie nébulaire, les météorites occupent une place sans commune mesure avec leur importance réelle aussi bien dans le système solaire que lors de sa formation.

C'est J.R. von Mayer[1] qui le premier amène les météorites sur le devant de la scène. Pour lui, c'est la chute continuelle des météorites sur le Soleil qui entretient son énergie, par transformation en chaleur de la force vive de ce mouvement. Quantitativement, comme Poincaré l'a montré, le processus paraît possible : une météorite, venant de l'« infini » et ayant au départ une vitesse quasi nulle, attirée par le Soleil, arriverait sur celui-ci avec une vitesse de plus de 600 kilomètres à l'heure. Si cette météorite pesait 1 kilogramme, sa chute représenterait un travail de 2.10^{10} kilogrammètres ; comme le Soleil perd 6.10^{6} kilogrammètres par mètre carré et par seconde, il suffit, pour compenser cette fuite, que 0,3 gramme de matière météoritique tombe chaque seconde sur chaque mètre carré du Soleil. À ce rythme, en supposant que les météorites aient une densité

1. Julius Robert von Mayer (1814-1878), médecin et physicien allemand. Il fut le premier, avec l'industriel britannique James Prescott Joule (1818-1889), à expliciter les rapports entre chaleur et travail.

moyenne de 1, le diamètre du Soleil augmenterait d'environ 15 mètres par an, soit 1,5 kilomètre par siècle – c'est-à-dire d'un millionième de son diamètre –, augmentation inappréciable par les moyens observationnels actuels.

Bien que ces ordres de grandeur soient raisonnables et bien que ce phénomène rende effectivement compte de la formidable dépense énergétique du Soleil, cette théorie a été vite mise en difficulté : si les effets optiques de cette pluie météoritique sur le Soleil ne sont pas discernables, en revanche les effets mécaniques sont loin d'être négligeables. La chute de météorites envisagée par Mayer accroît annuellement la masse du Soleil d'environ 1/32 000 000, et Poincaré a montré que cette variation de masse du corps central entraîne que, en quatre mille de nos années, la Terre aurait parcouru non pas 4 000 circonférences, mais 4 000 1/2[1] ; par suite, il y aurait eu en quatre mille ans un glissement de six mois sur les époques. Or un tel glissement depuis les temps historiques ne peut pas passer inaperçu. L'hypothèse météoritique, sous cette forme en tout cas, ne peut pas dès lors être conservée.

Tout le raisonnement précédent suppose que les météorites arrivent sinon de l'infini, du moins de l'extérieur du système solaire. Si au contraire on postule que ces météorites appartiennent au système et sont depuis l'origine assez proches du Soleil, le raisonnement de Poincaré ne tient plus. En effet, si ces météorites circulent entre la Terre et le Soleil, elles attirent la Terre depuis l'origine et leur chute sur le Soleil ne modifie pas sensiblement leur attraction sur celle-ci : il n'y a donc plus de variation sensible de la longueur de l'année. D'autres difficultés surgissent, entre autres, pour que ces météorites, qui décrivent des orbites quasi circulaires, finissent par tomber sur le Soleil : il faut ou bien qu'elles se meuvent dans un milieu assez résistant, ou bien qu'elles soient suffisamment

1. Cf. H. Poincaré, *Leçons sur les hypothèses cosmogoniques*, *op. cit.*, p. 193.

nombreuses pour que les chocs entraînent cette chute. De plus, comme le raisonnement précédent s'applique aussi bien à Mercure qu'à la Terre, et que la révolution de Mercure n'a pas varié non plus, il faudrait que l'essaim se situe entre le Soleil et Mercure. Y puiser assez de réserve pour les 100 millions d'années de rayonnement solaire, réclamée à l'époque, exigerait une densité de matière qui interdirait aux comètes de passer à des distances du Soleil inférieures au rayon de l'orbite de Mercure. Ce qui n'est pas le cas.

Malgré ces difficultés, la recherche d'une origine mécanique à l'énergie rayonnée par le Soleil continuera de mobiliser bien des énergies : des physiciens aussi remarquables que lord Kelvin[1] ou que Helmholtz[2] exploreront cette voie – l'échec des théories chimiques n'en laissait pas d'autres. Dans un premier temps, les physiciens ont pensé que le Soleil n'était qu'un simple poêle à charbon... ou à hydrogène. Il est amusant de noter que si le Soleil était constitué d'un bloc de charbon sa combustion ne durerait pas plus de 6 000 ans et que cette valeur est en accord avec la prophétie d'Élie déjà mentionnée ! Pour comparer les efficacités respectives des processus chimiques et des processus mécaniques, notons que la combustion d'un kilogramme de charbon ne libère que $3{,}5.10^6$ kilogrammètres (soit 8 000 calories), alors que la chute d'un kilogramme de matière météoritique en dégage 2.10^{10}, soit 6 000 fois plus. La tentation était donc grande de continuer d'explorer cette piste, et, puisque les météorites ne faisaient pas l'affaire, on invoquera, tout aussi vainement, la contraction gravitationnelle ; ce sera le cas notamment de Helmholtz[3]. De plus, on

1. Lord Kelvin, sir William Thomson (1824-1907), physicien et mathématicien anglais. Pour ce sujet, voir *On the Origin of the Sun's Heat*, Londres, 1891 (2e éd.).

2. Hermann von Helmholtz (1821-1894), mathématicien, physicien et physiologiste allemand.

3. Il présente cette théorie devant la Société de physique de Berlin en 1847.

sait aujourd'hui que ce n'est pas quelque 100 millions d'années qu'il faut arracher à la théorie mais 5 milliards et que toutes ces voies sont sans issue. Pour l'heure, les théories météoritiques ou gravitationnelles sont à la mode et elles influencent les cosmogonistes.

2. Lockyer

Sir Norman Lockyer[1], en même temps qu'il fera largement intervenir les progrès de la spectroscopie, étendra le rôle des météorites à la formation de toutes les étoiles. La spectroscopie, en effet, avance à grands pas. Au moment des découvertes de Kirchhoff[2], on pensait que le spectre d'un corps chimique était invariable, et donc que l'étude des spectres stellaires permettait certes l'identification des éléments constitutifs des étoiles, mais pas plus. Or l'observation des spectres de flamme, d'arc et d'étincelle ouvre des perspectives autrement prometteuses : constitué des mêmes substances, un corps présente des spectres différents suivant les conditions de température. Autre phénomène intéressant, le maximum d'éclat d'un spectre glisse en longueur d'onde vers le violet à mesure que la température augmente. La spectroscopie permet donc non seulement l'étude chimique des astres mais aussi leur étude physique, le déplacement vers le violet, ou le rouge, renseignant sur la température des étoiles et les modifications « morphologiques » à l'intérieur des spectres permettant de comprendre l'action de la température sur la structure des molécules. Lockyer, utilisant cette double opportunité, va fonder ses théories cosmogoniques sur l'étude simultanée de la composition des étoiles et de leurs variations de température. Ainsi il montrera, par exemple, que

1. Sir Norman Lockyer (1836-1920), astronome anglais.

2. Gustav Robert Kirchhoff (1824-1887), physicien allemand, un des fondateurs de la spectroscopie.

le fer, auquel Kirchoff avait attribué 460 raies, n'en présente plus dans la chromosphère que 3, mais situées aux endroits précis qui en permettent l'identification.

Lockyer consacrera trente ans de sa vie à ce type de travaux et en tirera la conclusion que la matière présente à travers l'univers une grande unité et que les corps simples dérivent tous de quelques éléments fondamentaux qu'il qualifie de « proto-éléments » ou de « proto-métaux ». Car du fait qu'à différentes températures les corps présentent des spectres différents, il déduira que ces corps se dissocient en éléments plus simples sous l'action de la température. De cette théorie chimique va découler une vision nouvelle de l'évolution stellaire qui le conduira à une cosmogonie du système solaire. Pour Lockyer, les nébuleuses sont le premier degré de l'évolution cosmique et elles sont constituées d'essaims de météorites. Ce sont les chocs qui vont provoquer la condensation de la nébuleuse et produire la chaleur. Dans cette première phase, la température augmente et les gaz contenus dans les météorites s'évaporent, les plus légers d'abord ; à ce stade, on observe les raies de l'hydrogène et de l'hélium. La concentration se poursuivant, la chaleur continue de s'élever, la nébuleuse se transforme en étoile, la combustion des météorites non évaporées produit une lumière au spectre continu entrecoupé de raies sombres dues aux métaux. Quand l'étoile atteint sa température maximale, les raies des proto-métaux dominent et l'étoile amorce la phase descendante de son existence. La température s'abaissant, les raies des hautes températures vont s'effacer dans l'ordre inverse de celui de leur apparition. Au cours de leur vie, les étoiles parcourent donc les deux branches symétriques d'une courbe d'évolution dont les différentes étapes fournissent un classement, le premier du genre. À chacune de ces classes d'étoiles, Lockyer donne le nom de l'étoile qui lui sert de type. Notre Soleil, de type arcturien, parce qu'il a le même spectre que l'étoile de la constellation du Bouvier nommée Arcturus, est en bout de phase descendante : le système solaire n'en a plus pour longtemps[1] ! Ne retenons de tout cela que le rôle de matière première universelle réservé aux météorites et l'application des méthodes nouvelles de la physique à l'astronomie.

3. Arrhenius

Avec le physicien et chimiste Arrhenius, la cosmogonie va à la fois s'élargir et se restreindre. S'élargir, parce qu'il abordera le problème de la genèse de toutes les étoiles, de toutes les nébuleuses et de toutes les galaxies, et parce qu'il fera intervenir largement toutes les sciences du moment.

> Le problème de l'évolution de l'univers a toujours excité l'intérêt du monde pensant. Il conservera, sans nul doute, la première place parmi toutes les préoccupations intellectuelles qui n'ont pas une portée pratique immédiate. Les solutions, qui, de loin en loin, ont été formulées à ce problème favori, donnent une image fidèle de l'état de la pensée concernant les sciences naturelles et de leur développement. J'ai le vif espoir que l'exposé contenu dans les pages de ce volume correspondra au magnifique développement que nous ont présenté les sciences physiques et chimiques à la fin du siècle dernier[2].

Se restreindre, parce qu'il ne s'agit de traiter l'origine des mondes qu'en un sens restrictif et partiel. Arrhenius, à l'opposé de Du Ligondès, ne croit pas à la possibilité de connaître l'origine absolue du monde. La question est même pour lui sans objet :

> Je me suis limité à l'exposé de la manière dont les nébuleuses peuvent être le produit du soleil, et inversement comment des

1. Cf. N. Lockyer, *L'Évolution inorganique*, Paris, Félix Alcan, 1905.
2. S. Arrhenius, *L'Évolution des mondes*, Paris, Librairie polytechnique Ch. Béranger, éditeur, 1910, p. II-III.

> soleils peuvent se former à l'aide de nébuleuses. J'ai admis que de tous temps cette évolution a dû se produire, comme elle se produit actuellement[1].

Les travaux d'Arrhenius se présentent donc comme une réaction aux vues trop étroitement mécanistes des cosmogonistes qui l'ont précédé, mais aussi à leurs prétentions prématurées de remonter à l'instant zéro. Les météorites jouent un grand rôle dans ses théories, tout comme, et c'est là son apport le plus original, la pression de radiation.

Bien évidemment, chimiste et physicien, Arrhenius se préoccupe de la source de l'énergie solaire. Or on a vu que l'explication de cette énergie par la chute des météorites sur le Soleil était mécaniquement insoutenable. Mais Arrhenius croit pouvoir sauver cette hypothèse par l'intervention de la pression de radiation. Il considère un corpuscule au voisinage du Soleil : celui-là est alors soumis à la gravitation qui l'attire vers l'astre et à la pression de radiation qui tend au contraire à le chasser. L'attraction est proportionnelle à la masse du corpuscule et la répulsion proportionnelle à sa surface, donc plus la densité du corpuscule sera faible et petite sa dimension, plus la pression de radiation aura des chances de l'emporter sur la gravitation. Un corpuscule sphérique de même densité que l'eau, parfaitement réfléchissant, de diamètre 0,0015 millimètre, se trouverait en équilibre au voisinage du Soleil ; pour un diamètre plus petit, la pression de radiation l'emporterait et le corpuscule s'éloignerait du Soleil. Il faut noter que si le diamètre diminue trop, devenant inférieur à la longueur d'onde moyenne de la lumière solaire, de nouveaux phénomènes interviennent, ceux de la diffraction, qui permettent à la gravité de reprendre le dessus. Mais, pour une densité donnée, il existe bien un domaine de dimensions pour lequel il y a effectivement répulsion. On explique par cette force répulsive qu'est

1. *Ibid.*, p. III.

la pression de radiation l'aspect que présentent les queues des comètes, toujours dirigées à l'opposé du Soleil[1].

Arrhenius pense, par exemple, que la couronne solaire est due à la pression de radiation ; or, pour lui, la couronne du Soleil est comparable aux queues des comètes. Voilà qui permet de revenir à la source météoritique de l'énergie solaire. Si, malgré cet apport permanent de matière, on n'observe pas les conséquences mécaniques qui découlent de l'augmentation de la masse du Soleil, c'est que dans le même temps l'astre subit une perte de masse compensatrice. Dans cette optique, la matière solaire décrit un cycle, ce qui entre tout à fait dans les vues générales d'Arrhenius. Les météorites absorbées par le Soleil s'y trouvent désagrégées, réduites en fines poussières, puis sont chassées par la pression de radiation. Que deviennent-elles alors ? Elles se rassemblent assez loin du Soleil pour se retransformer tranquillement en météorites et retomber sur celui-ci, entretenant ainsi perpétuellement sa chaleur.

Mécanisme séduisant mais mécaniquement insoutenable. Dans ce cycle, les forces travaillent, que ce soit la gravité ou la pression de radiation. Aux dépens de quelle énergie ce travail positif constant est-il produit ? Bien évidemment aux dépens de l'énergie solaire.

Arrhenius avait une autre raison de douter de cette source d'énergie. Nous avons vu que pour compenser la perte de chaleur du Soleil il fallait que l'apport en carburant soit annuellement de $0{,}6.10^{20}$ tonnes. Or la quantité de matière météoritique tombant sur Terre était estimée, à cette époque, à 20 000 tonnes par an. Partant de ce chiffre, Arrhenius évalue à 3.10^{11} tonnes la masse annuelle de matière météoritique tombant sur le Soleil. On est loin du compte.

Autre élément de ces grands cycles qui assurent l'éternité à l'univers : les nébuleuses[2]. Pour Arrhenius, si les nébuleuses,

1. *Ibid.*, p. 103 *sq.*
2. *Ibid.*, p. 203 *sq.*

grands corps froids qui abondent dans l'espace, n'absorbaient pas la chaleur rayonnée par les étoiles, les météorites et la poussière cosmique deviendraient lumineuses et la sphère céleste serait une voûte de feu. Spectacle étonnant dont l'homme n'aurait jamais joui puisque ce rayonnement calorifique éliminerait toute possibilité de développement de la vie !

D'où viennent les nébuleuses ? Elles naissent des chocs entre étoiles éteintes, elles sont donc un maillon déterminant du renouvellement perpétuel des mondes. Idées présentes chez Kant et reprises par Haeckel[1], qui écrit dans *Les Énigmes de l'Univers* :

> C'est ainsi, par exemple, que lorsque deux corps célestes viennent à s'entrechoquer, animés chacun d'une vitesse inouïe, des quantités énormes de chaleur sont mises en liberté, tandis que les masses réduites en poussière sont disséminées et répandues dans l'espace. Le jeu éternel des masses en rotation avec condensation des parties, formation de petites météorites, réunion de celles-ci pour en constituer de plus grosses… recommence alors à nouveau[2].

Cependant, pour Arrhenius, quelle que soit l'immense réserve de chaleur du Soleil, quelle que soit l'efficacité du va-et-vient de la poussière météoritique sous la double influence de la gravitation et de la pression de radiation, le Soleil finira par s'éteindre. Une croûte solide se formera, il deviendra obscur, mais dans son intérieur subsistera une température presque aussi élevée que celle d'aujourd'hui – qu'Arrhenius évaluait à 6 millions de degrés –, avec les mêmes combinaisons infiniment explosives. Astre éteint, il cheminera ainsi des milliards

1. Ernst Heinrich Haeckel (1834-1919), naturaliste allemand, zoologiste éminent, partisan du transformisme, d'esprit sectaire. Après les expériences de Pasteur, il resta un défenseur de la génération spontanée.

2. Cf. E.H. Haeckel, *Les Énigmes de l'univers*, Paris, Schleicher Frères, 1902.

de millions d'années dans l'espace, économe de ses restes d'énergie, jusqu'à ce qu'il rencontre un autre soleil éteint. La collision fera jaillir des deux astres deux grands jets de matière, situés dans le même plan. Les gaz expulsés seront poussés vers l'avant par la rotation de la partie centrale, cette rapide expansion provoquera un refroidissement des gaz, et de fines poussières obscures commenceront à cerner l'étoile. Le noyau sera de moins en moins visible et ce nouvel objet, né d'un choc titanesque, prendra la forme d'une nébuleuse stellaire, semblable à celle que venait alors de produire la nova observée en 1901 dans la constellation de Persée. La rotation de l'ensemble provoquera l'aplatissement de la nébuleuse et la transformera en nébuleuse spirale où l'on retrouvera les restes des deux grands jets de matière initiaux – vision simpliste de l'évolution des nébuleuses d'une époque où, justement, on ne savait pas encore séparer les véritables nébuleuses, grands nuages diffus de gaz et de poussières, des galaxies, regroupements de milliards d'étoiles. Enfin, cette nébuleuse évoluera vers le stade stellaire et un nouveau cycle commencera.

On s'en doute maintenant, le système solaire, selon Arrhenius, va naître d'une catastrophe. À l'origine, une grande nébuleuse lenticulaire et spirale produite par le choc de deux étoiles éteintes. La masse gazeuse qui entoure le noyau central est extrêmement raréfiée et l'ensemble tourne assez rapidement sur lui-même. Les poussières cosmiques, qui sont attirées par la nébuleuse, sont arrêtées dans leur chute par la résistance de la masse gazeuse et s'agglomèrent en météorites et en comètes. Devenant plus massives, les météorites reprennent leur chute et constituent des noyaux autour desquels se forment les planètes et les satellites. Processus qu'Arrhenius résume ainsi :

> Nos considérations nous conduisent donc à cette conclusion que les corps centraux des nébuleuses sont entourés d'une masse gazeuse énorme, qui est en général en rotation autour de son axe. En dehors d'elle, les autres centres de condensation

> tournent également autour du corps central en entraînant avec eux les masses gazeuses qui s'y sont condensées. Le frottement de ces masses adventives et de la masse gazeuse primitive, qui circule dans le plan équatorial du corps central, a fait qu'elles se sont peu à peu rapprochées de ce plan, peu différent du plan de l'écliptique. Nous obtenons ainsi un véritable système planétaire, où les planètes sont entourées de masses gazeuses énormes, comme les étoiles des Pléiades[1].

Puis interviennent des phénomènes de marées qui diminuent la vitesse de rotation du Soleil et éloignent les planètes du corps central. Ce sont encore des phénomènes de marées qui expliquent que la rotation des planètes sur elles-mêmes, d'abord rétrograde, devienne directe. Arrhenius ajoute cette précision :

> C'est cette évolution qui explique la remarquable coïncidence que toutes les planètes se meuvent à peu près dans le même plan, que nous appelons l'écliptique, et que leurs orbites sont presque circulaires. Les planètes les plus éloignées font seules exception, ayant été moins influencées par les marées ; tels sont Uranus et Neptune[2].

Et lui qui a déjà emprunté des idées à beaucoup de cosmogonistes termine sa description de la formation du système dans l'éclectisme le plus total : la présence d'Uranus et de Neptune dans le système solaire est due à une capture (!) ; les satellites les plus extérieurs de Jupiter et de Saturne, qui ont une révolution rétrograde, viennent aussi de l'espace.

Bel exemple du recours à l'hypothèse *ad hoc* dès qu'une difficulté surgit. L'idée de capture pour compléter le système solaire est d'autant plus étonnante qu'Arrhenius a estimé que l'effet de marée suffisait à expliquer les particularités d'Uranus et de

1. S. Arrhenius, *L'Évolution des mondes, op. cit.*, p. 217.
2. *Ibid.*, p. 218.

Neptune et qu'il a évalué le temps d'errance d'un Soleil mort à la recherche d'un compagnon de genèse à 100 000 millions de millions d'années ! Combien faudra-t-il encore attendre pour agrandir la famille ?

Cela dit, cette conception d'un univers au dynamisme éternel qu'Arrhenius a développée est intéressante et mérite qu'on s'y attarde. Pour lui, l'univers est infini spatialement et temporellement.

Spatialement ? Oui, sans quoi, selon lui, les poussières seraient chassées indéfiniment par la pression de radiation, elles ne seraient pas captées en chemin et le monde finirait par « s'évanouir » ! Il lui faut donc répondre à l'argument du noir de la nuit que Kepler avança le premier sous la forme du paradoxe de la « forêt » : si un observateur est dans une forêt de dimensions infinies uniformément peuplée d'arbres, où que se porte son regard il rencontrera un tronc d'arbre et ne verra jamais l'horizon ; si l'on remplace la forêt par le ciel et les arbres par les étoiles, où que se porte le regard il rencontrera une étoile, et le ciel de nuit sera pour le moins aussi lumineux que le ciel de jour ; et Kepler en tira la conclusion que l'univers est fini. Si tel n'est évidemment pas le cas, Arrhenius l'explique par l'absorption interstellaire, oubliant les effets thermiques de ladite absorption d'une infinité de photons. Edgar Poe sera le premier, dans *Eurêka*, à donner une explication qualitativement valable de cette énigme par la finitude aussi bien de la vitesse de la lumière que de la durée de vie des étoiles : du rayonnement de l'infinité des étoiles qui peuplent un univers infini, un observateur donné, à un moment donné, n'en perçoit qu'un nombre fini.

Temporellement ? L'infinitude est assurée par cette alternance de l'évolution des nébuleuses en soleils et des soleils en nébuleuses : l'univers ne vieillit pas. Et donc, pour Arrhenius, il ne connaîtra pas la « mort calorifique » que lui a prédite Clausius, échappant, en tant que totalité, au second principe de la thermodynamique qui veut qu'un système matériel tende vers l'homogénéité tant du point de vue de la distribution de la matière que de la distribution des températures[1].

Quant à la cosmogonie, nous sommes revenus à la conception de Buffon : il y a une catastrophe à l'origine du système solaire, un choc originel, rarissime, imprévisible. Mais au couple d'un Soleil déjà formé et d'une comète de passage qui vient lui arracher la matière des futures planètes se substitue celui de deux étoiles éteintes dont la rencontre non seulement produit une nouvelle étoile vivante et son cortège de planètes, mais contribue modestement à l'éternité du monde. Cette idée de générer le système solaire à partir de la rencontre de deux, puis de trois étoiles sera reprise par de nombreux cosmogonistes adversaires de l'hypothèse évolutionniste. Les théories de la capture, de la nébuleuse spirale et du rôle déterminant des météorites continueront aussi leur chemin, mais avec encore moins de bonheur.

4. See

T.J.J. See[2], lui, est partisan de la capture. Même si elles ont été engraissées par la matière nébulaire, les planètes ont une origine indépendante du Soleil et de la nébuleuse qui autrefois l'entourait. Elles viennent d'ailleurs, et donc de n'importe quelle direction, et c'est par l'effet de la résistance du milieu environnant que la capture puis la régularisation des mouvements se sont faites. Le problème est de savoir si la résistance d'un milieu très ténu peut obliger tous les mouvements initiaux à respecter les grandes régularités qui caractérisent la constitution et la cinématique de notre système solaire.

On sait qu'une planète en fuite dans l'univers, passant près du Soleil, serait effectivement captée et décrirait autour

1. *Ibid.*, p. 205.
2. Thomas Jefferson Jackson See (1866-1962), astronome américain.

de celui-ci, si la résistance du milieu était nulle, une ellipse d'excentricité quelconque. Une résistance du milieu réduit-elle lentement son excentricité ? Les calculs de See, repris par Poincaré, montrent qu'il en est bien ainsi[1]. Résultat qui était « intuitivement » prévisible : si le Soleil était primitivement entouré d'une atmosphère raréfiée, il était raisonnable de penser que celle-ci était d'autant plus dense qu'on approchait plus près du Soleil ; de plus, c'est au point le plus proche du Soleil, au périhélie, que la vitesse du corps satellisé est la plus grande. Deux raisons qui permettent de supposer que la résistance agit principalement au périhélie, d'autant plus que cette résistance doit être par principe très faible. Dans ce cas la planète subit en ce point un ralentissement faible mais brusque, dont il résulte une diminution du grand axe de l'orbite. Le périhélie restant le même et l'aphélie se rapprochant du Soleil à cause de cette diminution, il est clair que l'excentricité diminuera.

La capture d'un astre passant dans le champ gravitationnel du Soleil est un phénomène évidemment envisageable. Cette capture modifie la trajectoire du corps vagabond : rectiligne, parabolique ou hyperbolique, elle peut devenir elliptique, puis voir au cours du temps son excentricité diminuer. Enfin, quand l'atmosphère primitive a disparu, absorbée par le Soleil et les planètes elles-mêmes, l'astre capturé continue de circuler autour du Soleil sur une orbite quasi circulaire. Rien donc d'invraisemblable dans ce processus. Les difficultés viennent, d'une part, de la multiplication nécessaire de ce phénomène puisque, pour See, toutes les planètes et tous les satellites ont cette même origine ; d'autre part, du fait qu'il reste à rendre compte des autres régularités du système.

Pourquoi presque tous les mouvements sont-ils directs ? Pourquoi les plans orbitaux sont-ils peu inclinés par rapport

1. Cf. H. Poincaré, *Leçons sur les hypothèses cosmogoniques*, *op. cit.*, p. 117-129.

à l'écliptique ? Pour répondre à cette seconde question, See suppose que l'atmosphère primitive du Soleil était lenticulaire et fortement aplatie : un astre dont la trajectoire initiale était très inclinée par rapport au plan moyen de l'atmosphère solaire la traversait plus facilement et donc risquait moins la capture qu'un astre se déplaçant déjà dans le plan moyen du disque. Argument vraiment peu convaincant : que tant de planètes aient été piégées à tant de distances du Soleil près de ce plan privilégié sans qu'aucune l'ait été sous un autre angle est statistiquement invraisemblable. C'est bien pourquoi See tente de répondre une nouvelle fois à cette question, à la faveur de sa réponse à la première question. Pourquoi une majorité de mouvements directs ? Parce que l'atmosphère du Soleil a une rotation différente de celle du Soleil – sans quoi on perdrait le bénéfice d'une théorie catastrophiste en retrouvant le problème de la répartition du moment angulaire qui parut fatal à la théorie évolutionniste nébulaire. Cette rotation tendrait à imprimer à l'astre capturé un sens privilégié de mouvement et à diminuer l'inclinaison de la trajectoire initiale sur le plan de l'équateur solaire, lui-même peu différent du plan zodiacal.

Si elle est moins éclectique, et d'ailleurs moins ambitieuse, que la cosmogonie d'Arrhenius, avec laquelle elle a des points communs, la cosmogonie de See est tout aussi peu synthétique. C'est la force (ou le pouvoir de séduction) et la faiblesse de ces théories mettant les particularités du système solaire au crédit du hasard et de la combinaison imprévisible d'une foule de causes diverses : elles ne sont réellement convaincantes que pour leur auteur et risquent peu d'être démenties par les découvertes postérieures. Si, par exemple, on peut reprocher à la cosmogonie de See de ne pas rendre compte de la relation empirique des distances des planètes au Soleil (de Mercure à Uranus), du moins est-elle à l'abri des difficultés nées de la découverte de Neptune et de Pluton, dont les distances au Soleil ne respectent pas celle-ci.

5. Belot

Autre catastrophiste qui se veut original, Émile Belot[1]. Pour lui, ce sont les nébuleuses qui sont à l'origine du système solaire, et les processus importants sont les chocs et les tourbillons. Utilisation hâtive par la cosmogonie d'un phénomène mal connu à l'époque et qui, aujourd'hui, est encore sujet à études : l'apparition d'une nova. Dès la première page de son *Essai de cosmogonie tourbillonaire*, sur-titré *De l'origine dualiste des mondes*, Belot présente sa théorie comme une réaction à toutes celles qui l'ont précédée :

> Celui qui ayant l'esprit mathématique ou seulement pythagoricien aborde la lecture des Livres modernes de Cosmogonie éprouve de leur imprécision et de leur manque de logique mécanique un tel étonnement, qu'il comprend le discrédit dans lequel sont tombées à notre époque les recherches de ce genre. L'idée de chaos qui revient à chaque page dans ces livres, peut-être et à tort suggérée par l'expression de la Genèse *inanis et vacua* (*tohu-bohu*), est tellement inféconde et contraire à toute idée scientifique, qu'on s'explique la révolte d'Auguste Comte contre cette honteuse aberration scientifique, qui consiste à vouloir trouver les faits par le calcul des probabilités : or ce calcul est la technique mathématique correspondant à l'idée de chaos[2].

C'est dire que sont englobées dans cette réprobation les cosmogonies de Descartes, de Laplace, de Kant, de Faye, de Wolf, de Du Ligondès et d'Arrhenius.

Toutefois, si l'on doit condamner le chaos cartésien, il faut en garder les tourbillons, que Newton a eu tort de rejeter. Le

1. Émile Belot (1857-1944), ingénieur français.

2. Cf. E. Belot, *Essai de cosmogonie tourbillonnaire*, Paris, Gauthier-Villars, 1911, p. v.

titre de l'ouvrage, dans lequel Belot résume tous ces travaux cosmogoniques, est d'ailleurs suffisamment explicite. C'est une cosmogonie tourbillonnaire, entendez par là que la mécanique des tourbillons y jouera un rôle plus important que la mécanique céleste traditionnelle ; et c'est une cosmogonie dualiste. En effet, pour Belot, en se limitant *a priori* à un seul corps originel en rotation, les cosmogonistes réduisent à deux – le rayon vecteur et la vitesse angulaire – le nombre de variables pour chaque molécule, et encore ces variables sont-elles liées par la loi des aires. La logique le conduit donc à envisager une hypothèse dualiste où la variété des mouvements possibles pour les deux corps primitifs permettra d'avoir autant d'équations que d'inconnues.

La cosmogonie de Belot est catastrophiste : le système solaire est né du choc d'un tube tourbillon et d'un nuage cosmique, c'est-à-dire qu'une nébuleuse, habitée de mouvements tourbillonnaires, a rencontré une nébuleuse amorphe, s'y est épanouie et transformée en système solaire. Ce n'est pas pour le plaisir de faire découler le système solaire d'une catastrophe qu'il introduit ce choc initial, mais parce que l'idée d'un dualisme originel est corrélative de l'introduction en cosmogonie de l'idée de translation. Pour lui, voilà l'idée féconde : alors que dans un système isolé en mouvement les réactions de ses parties et leurs mouvements relatifs sont indépendants du mouvement uniforme de translation qui l'anime, dans un système à deux corps il est de toute nécessité que leurs mouvements primitifs déterminent tous les mouvements du monde résultant, sa translation comme ses rotations.

Mais heureusement ce choix ne résulte pas uniquement de la pure logique, il se trouve que l'hypothèse dualiste concorde parfaitement avec les faits. De telles rencontres existent et l'on peut les observer... elles sont responsables des étoiles temporaires : les novae. Disposant donc de bien plus de variables que ces prédécesseurs, Belot pourra tout expliquer du système solaire et, dit-il,

> on reconnaîtra que la démonstration théorique de la loi exponentielle remplaçant la loi de Bode, de la loi des inclinaisons des axes des planètes et de celle de leurs rotations, des causes des excentricités des orbites planétaires ou stellaires, de l'origine des comètes, de la formation du Soleil, des étoiles multiples et des nébuleuses spirales fait échapper la Cosmogonie nouvelle au reproche d'imprécision que méritaient les hypothèses précédentes, et donne une singulière puissance à une synthèse basée sur l'idée cartésienne des tourbillons[1].

Nous sommes aux antipodes des vues de See et d'Arrhenius. Belot cède à ce penchant très français de la grande synthèse, presque toujours prématurée, que l'on trouve déjà chez Descartes – ainsi qu'à ce goût des principes *a priori* dont les faits devront nécessairement découler. Penchant que Poincaré juge en ces termes, à la fin de l'étude qu'il a consacrée aux travaux de Belot :

> Quelles que soient les critiques que nous ayons cru devoir formuler sur divers points de cette théorie, cette tentative mérite l'attention. Si on peut reprocher à M. Belot d'avoir été un peu plus ambitieux qu'il ne convient de l'être dans l'état actuel de la Science et d'avoir voulu prématurément trop embrasser, et si ses idées ne semblent pas pouvoir être acceptées sous leur forme actuelle, il semble qu'il peut être utile de les faire connaître, parce qu'on pourra un jour y trouver à glaner d'intéressantes vérités[2].

C'est ce que feront Weizsäcker et Ter Haar[3], près de quarante ans plus tard, quand l'hypothèse nébulaire renaîtra de ses cendres.

De fait, cette cosmogonie n'est pas inintéressante, pour Belot une cosmogonie féconde se doit de dépasser le conflit entre cartésiens et newtoniens, car si Descartes a eu le tort de parler

1. *Ibid.*, p. x.
2. H. Poincaré, *Leçons sur les hypothèses cosmogoniques*, *op. cit.*, p. 279.
3. Cf. p. 191, n. 1 et 2, respectivement.

de chaos, mieux avertis, nous pouvons faire revivre l'idée des tourbillons sur laquelle Newton, après avoir découvert la gravitation, a injustement jeté l'anathème. En effet, tout système sidéral a dans son existence deux périodes se succédant insensiblement l'une à l'autre, la période tourbillonnaire ou cartésienne, et la période newtonienne, régie par la gravitation universelle. Ainsi, si quant à l'éther Descartes s'est trompé en remplissant les vides de cette substance et si les physiciens modernes, à la suite de Michelson[1], ont démontré que l'éther était « actuellement irrotationnel » (!), que savent-ils de l'éther à l'origine des mondes ? Rien, précise Belot. Rien ?... Si ce n'est que l'éther n'existe pas ! Belot n'a pas de chance avec son premier exemple. Quoi qu'il en soit, donnons les grandes étapes de la formation de notre système solaire.

À l'origine du monde a existé un tube tourbillon de matière gazeuse doué d'une grande vitesse de translation vers l'apex, ce point de la constellation d'Hercule vers lequel le Soleil se dirige encore aujourd'hui et dont le plan de rotation était parallèle à l'écliptique. Ce tube tourbillon a heurté, dans un choc analogue à celui qui produit une nova (comme Belot le croit), une nébuleuse amorphe ayant une vitesse de translation faible par rapport à la sienne (fig. 9, p. 154). On sait qu'un tourbillon est permanent et ne peut être détruit par un choc, qui en général élargit ses spires. Par ce choc, le tourbillon primitif, en pénétrant dans la nébuleuse, vibre de manière à présenter sur sa longueur des ventres et des nœuds équidistants. À chaque ventre de vibration il émet une couche extérieure de sa matière en une nappe évasée sous forme de tulipe à lui concentrique et divergeant autour de son axe.

1. Albert Michelson (1852-1931), physicien américain d'origine allemande. L'expérience de Michelson consistait à comparer la vitesse de la lumière suivant deux directions, l'une étant celle du mouvement de la Terre et l'autre la direction perpendiculaire. Michelson constata, en 1881, que les deux vitesses étaient identiques. Un résultat confirmé par les nouvelles mesures qu'il fit, avec Morley, en 1887.

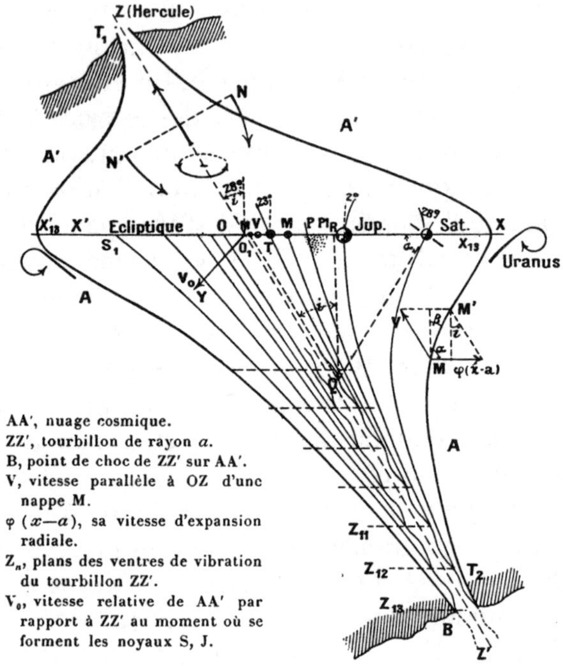

Figure 9

Une expérience simple peut donner une idée nette de la forme de ces nappes planétaires. Il suffit de lancer à l'aide d'un compte-gouttes un tore tourbillon dans un milieu résistant, un liquide par exemple : on voit alors l'anneau s'élargir tandis que sa translation se ralentit, et l'on constate que l'enveloppe des positions de l'anneau a pour profil une courbe logarithmique parce que la résistance du milieu est proportionnelle au carré de la vitesse. Il en est de même pour les nappes planétaires, et en outre les propriétés du tourbillon permettent de trouver la trajectoire des molécules de chaque nappe. Il y a autant de nappes planétaires parallèles qu'il y a de ventres au tourbillon : connaissant le profil de ces nappes, il est facile de déterminer à quelle distance du centre elles rencontrent un plan parallèle à l'écliptique. Voilà ce qui va conforter Belot dans sa démarche, car on trouve ainsi une loi réelle de la distance de nos planètes au Soleil qui ressemble à la relation empirique de Titius-Bode : la distance au tourbillon de la planète de rang *n* est la puissance n^e d'un nombre *c* qui est la caractéristique du système. Mais il y a mieux : Belot a commencé par établir deux autres formules, l'une donnant une loi des rotations – bien que, dit-il, certains nient qu'une telle loi puisse découler de la formation du système, puisque les marées modifient sans cesse les rotations des planètes –, l'autre proposant une loi des inclinaisons des axes planétaires.

Ici va éclater, pour Belot, la supériorité de la théorie dualiste. Pour ramasser en un point d'une nappe ou d'un anneau du tourbillon toute sa matière, il suffit d'une dissymétrie dans le plan de l'anneau ; cette dissymétrie, c'est la vitesse V_0 de la nébuleuse amorphe qui va la créer. Cette vitesse variable s'abaissera vers l'écliptique, et dans chaque anneau il n'existera qu'une seule région où V_0 et la vitesse tangentielle de la nappe seront directement opposées et où, par suite, la matière s'accumulera sous la forme d'un tourbillon planétaire auquel la nappe apportera toute sa matière et qui finira par l'absorber tout entière.

À quel signe reconnaître que cette dissymétrie a bien existé dans les nappes tourbillonnaires ? Il suffit d'examiner la figure 10 (p. 156) : on y voit que les tangentes aux profils successifs de droite reproduisent les diverses inclinaisons des axes planétaires, alors que les profils de gauche ne donnent rien de semblable. C'est bien dans le plan de symétrie ZOX qu'ont dû se produire unilatéralement les tourbillons planétaires si la vitesse de translation de la nébuleuse était dirigée d'arrière en avant du plan de la figure. Ainsi, une seconde vérification importante de l'hypothèse dualiste et tourbillonnaire est obtenue par la loi des inclinaisons des axes des planètes, qu'on ne soupçonnait même pas empiriquement. Et Belot de conclure que l'on voit combien il est heureux pour cette vérification que l'axe OZ de la translation ait différé notablement de l'axe OE de l'écliptique, car autrement aucune dissymétrie n'aurait été à reconnaître dans le plan ZOX (ZOE vaut, selon Belot, 28 degrés).

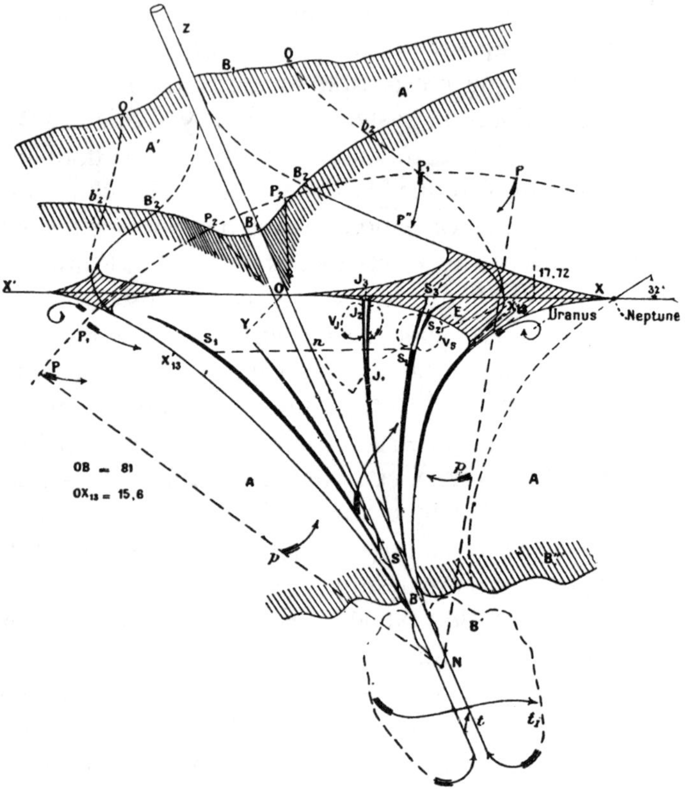

Figure 10

Cette loi des inclinaisons a encore plus d'importance que celle des distances, qui ne nous révélait que la répartition de la matière planétaire dans le plan de l'écliptique, car elle permet un sondage dans le temps et dans l'espace de la nébuleuse. Belot, par exemple, calcule le temps mis par le tourbillon pour aller du point de choc Z′ jusqu'au plan de l'écliptique X′X : environ deux ans ! Faut-il s'étonner de ce court laps de temps, alors que les astronomes viennent justement d'observer que la période d'oscillation de la lumière de la nova de Persée (passages aux ventres du tourbillon !) est de trois à cinq jours, et que sa durée d'épanouissement est précisément de deux ans ?

Ainsi, toutes les planètes sont contemporaines mais elles se sont formées avant le Soleil.

Voilà de plus une circonstance qui satisfait les géologues et les naturalistes puisqu'elle paraît susceptible d'expliquer un phénomène terrestre qui, à l'époque, embarrassait les spécialistes : le phénomène paléothermal. Jusqu'au milieu de l'époque secondaire, la Terre a joui d'une température tropicale d'environ 20 degrés sous toutes les latitudes : des fougères géantes poussaient aussi bien dans les régions boréales qu'équatoriales. Certains géologues ont supposé qu'à l'ère secondaire le Soleil n'avait pas fini de s'effondrer sur lui-même et qu'il avait un diamètre apparent, vu de la Terre, de 47 degrés. Dans ces conditions, il pouvait bien évidemment inonder toute la Terre par-dessus les pôles. Mais la végétation des zones équatoriales aurait dû être carbonisée. Cependant Belot fait remarquer que le Soleil, avant d'avoir sa forme sphérique actuelle, a dû exister, à en croire la théorie dualiste, sous la forme d'un tube tourbillon très allongé tout à fait analogue à ceux qui ont donné naissance aux planètes. Les traînées lumineuses extrêmes devaient être très chaudes, et leur rayonnement devait passer largement par-dessus les pôles, sans que la végétation tropicale et équatoriale fût carbonisée par la chaleur du noyau central, encore à peine condensé. En effet, si une condensation sphéroïdale se produit très rapidement, au contraire la condensation des traînées longitudinales nécessite un temps plus important que Belot estime, comme par hasard, à environ 50 millions d'années... en bonne concordance avec les exigences des géologues contemporains.

Enfin, pierre de touche de la valeur d'une hypothèse cosmogonique, la théorie de Belot explique la rotation d'Uranus, dont l'axe est presque couché sur l'écliptique. Pour comprendre, il suffit de regarder la fumée sortir d'une cheminée par temps calme ! Tout à l'heure, le lecteur de Belot pouvait voir naître un monde dans son lavabo, pour peu qu'il disposât d'un compte-gouttes, maintenant il lui suffit de rêver à sa fenêtre. Tout le monde, donc, a vu, par temps calme, sortir d'une cheminée d'usine ou de locomotive un anneau, ou tore tourbillon, de fumée ou de vapeur ; sa translation dans l'air est à peu près perpendiculaire à son plan, mais ce plan est aussi perpendiculaire à celui de rotation des molécules, exactement comme le plan de l'écliptique est perpendiculaire au plan de rotation d'Uranus. Si Uranus a bénéficié de cette circonstance unique, c'est parce que la nappe qui lui a donné naissance possédait la vitesse de translation maximale ; elle est montée dans la nébuleuse relativement immobile, et à l'extérieur de cette nappe s'est produit une volute dans laquelle les molécules tournaient autour d'un axe parallèle à l'écliptique. Dommage que Pluton ait été découvert en 1930[1], car, bien que la vitesse de translation de sa nappe ait été plus grande que celle d'Uranus, son axe de rotation n'est pas couché sur l'écliptique. Encore que tout puisse s'expliquer, pourvu qu'on possède assez de paramètres et qu'on connaisse le résultat. Prenons la Terre : elle devrait selon cette théorie dualiste, qui prévoit tout dans le moindre détail, avoir quatre satellites. À l'évidence, elle n'en possède qu'un, la Lune. Peut-être les trois autres sont-ils invisibles en raison de leur petitesse, ou en raison de leur dispersion en poussière… satellitaire, ou encore en raison d'une collision avec un essaim de météorites !

Chez Arrhenius, c'étaient la multiplication des hasards et la combinaison des causes diverses qui permettaient de justifier toutes les régularités et toutes les anormalités, chez Belot, c'est la multiplication des paramètres. Combien de cosmogonies aux prémisses totalement différentes ont rendu compte de la relation des distances au Soleil, en tout cas pour les sept premières planètes, alors que beaucoup d'astronomes en faisaient le critère principal sinon de véracité, du moins de validité. Comme le note

1. Clyde Tombaugh (1906-1997), astronome américain, devina la présence de Pluton sur un cliché photographique le 18 février 1930, découverte confirmée le 13 mars à l'observatoire Lowell près de Flagstaff (Arizona).

E. Schatzman[1], il ne faut pas trop attendre de ces représentations empiriques, qui ne sont pas des lois de la nature, car, si l'on choisit neuf nombres au hasard et qu'on les range par ordre croissant, on peut toujours, au moyen d'un nombre suffisant de paramètres, représenter leur succession par une loi mathématique satisfaisante. Toutefois, dans le cas précis de la distance des planètes au Soleil, il y a peu de chances de trouver une loi aussi régulière représentable par un aussi petit nombre de paramètres. Il est donc évident que la distribution des planètes autour du Soleil n'est pas due au hasard mais que, sans être une loi universelle, elle résulte des circonstances de la formation du système solaire. Pas plus que les régularités des mouvements, les « régularités » des rayons des orbes ne peuvent s'expliquer par les seules lois du mouvement des points matériels, c'est-à-dire, en définitive, par les lois de la gravitation universelle. Dans ce cas précis, il s'ajoute une difficulté supplémentaire, qui fait que la relation de Titius-Bode ne saurait être un bon critère pour « trier » les théories cosmogoniques : de nombreux processus physiques abandonnent les planètes à des distances qui répondent à une loi exponentielle où elles augmentent comme les puissances de deux.

Les attaques contre les cosmogonies évolutionnistes sinon les plus sévères et les plus nouvelles, du moins les plus cohérentes, vont venir des États-Unis. En 1900, deux articles aux titres parallèles ouvrent le débat. L'un est signé par un astrophysicien, F.R. Moulton[2], et paraît sous le titre « An Attempt to Test the Nebular Hypothesis by an Appeal to the Laws of Dynamics »[3] ; l'autre, « An Attempt to Test the Nebular Hypothesis by the Relations of Masses and Moment »[4], est dû à un géologue, T.C. Chamberlin[5].

1. Evry Schatzman, astrophysicien français contemporain.
2. Forest Ray Moulton (1872-1952), astronome américain.
3. *The Astrophysical Journal*, vol. XI, n° 2, mars 1900, p. 103-130.
4. *The Journal of Geology*, n° 8, 1900, p. 58-73.
5. Thomas Chrowder Chamberlin (1843-1928), géologue américain.

Dans son long article, Moulton se propose de passer aux cribles de l'observation et de la théorie l'hypothèse de Laplace, non seulement dans sa forme originale mais dans sa forme modifiée par les découvertes de nouveaux membres dans le système solaire, et il se pose la question de savoir si finalement cette hypothèse est compatible avec les lois fondamentales de la dynamique. Les « tests » de crédibilité de la théorie nébulaire sont répartis en trois classes.

Dans les tests de la première classe, Moulton compare quelques phénomènes observés à ceux qui devraient résulter des conditions initiales dans la nébuleuse. Parmi ceux-ci, certains sont si manifestement incompatibles avec l'hypothèse nébulaire que sa validité, sous la forme jusqu'ici considérée, pose, pour le moins, de sérieux problèmes : d'abord, les plans des orbites planétaires présentent quelques déviations importantes, tandis que quatre satellites font leur révolution dans des plans quasi orthogonaux au plan moyen du système ; ensuite, la distribution des masses entre les planètes présente des irrégularités suspectes et même inexplicables ; enfin, les mouvements du satellite le plus proche de Mars et de l'anneau intérieur de Saturne sont tout aussi inexplicables.

La deuxième classe regroupe des questions beaucoup plus délicates. Il s'agit de savoir si les conditions initiales supposées permettent bien une évolution qui mène au système solaire que nous connaissons. Mathématiquement parlant, cela revient à trouver les solutions à des équations différentielles souvent compliquées mais « pauvres » quant à la situation réelle. C'est là que Moulton examine la fuite des éléments légers, la formation des anneaux et leur contraction en planètes et qu'il reprend certains des travaux de Roche, qu'il n'a connus qu'indirectement par le résumé qu'en donne Tisserand[1] au chapitre 8 du volume II

1. Félix Tisserand (1845-1896), astronome français, auteur du monumental et célèbre *Traité de mécanique céleste*, Paris, Gauthier-Villars, 1889-1896, 4 vol.

de son *Traité de mécanique céleste*. Chacun de ces tests jette une ombre sur les caractéristiques de la nébuleuse imaginée par Laplace ou sur son évolution.

La troisième classe a pour objet de comparer les propriétés initiales supposées de la nébuleuse avec l'une de celles maintenant existantes et dont on est sûr qu'elle a été invariante quels qu'aient été les changements résultant de l'action des forces externes. Cette dernière rubrique n'évoquera d'ailleurs qu'un problème d'une « grande simplicité », celui de la conservation du moment angulaire : de la répartition anormale de celui-ci entre le Soleil et l'ensemble des planètes, Moulton va tirer l'argument le plus redoutable contre l'hypothèse nébulaire.

Rien de très nouveau, donc ; la reprise, même, de nombreux travaux antérieurs, ceux de Darwin surtout, mais aussi de lord Kelvin, de Poincaré, de Roche et de Babinet. Rien de nouveau, mais un article bien construit, clair, et modéré dans ses conclusions critiques. C'est comme à regret que Moulton se voit obligé de douter de l'hypothèse nébulaire sous sa forme originale ; l'article d'ailleurs commence par un hommage à Laplace :

> Une des spéculations les plus hardies et les plus séduisantes jamais présentées dans aucune science est sans aucun doute l'hypothèse du développement du système solaire à partir d'une nébuleuse immensément étendue, qui a été formulée par Laplace, il y un peu plus de cent ans[1].

Regrets ou pas, la conclusion est claire : il y a de multiples et de sérieuses raisons de douter de l'hypothèse nébulaire, et les astronomes, avec le problème cosmogonique, disposent encore d'un beau champ d'activité. D'autant plus que, si cet article rassemble et analyse la plus grande partie des considérations dynamiques touchant l'hypothèse nébulaire, du propre aveu de

1. F.R. Moulton, « An Attempt to Test the Nebular Hypothesis by an Appeal to the Laws of Dynamics », art. cité, p. 103.

Moulton dans sa conclusion, un grand nombre de points n'ont été qu'effleurés. Mais les travaux de Moulton sont inséparables de ceux de Chamberlin : son article est le fruit d'une collaboration très étroite et très profonde de près de trois ans entre eux, au point qu'il est difficile de déterminer qui est responsable de quoi, si ce n'est que Moulton a passé au crible des principes mathématiques de la dynamique le foisonnement des idées de Chamberlin. Toutefois, les résultats de ces deux chercheurs ont été publiés séparément et dans deux revues différentes.

C'est par Chamberlin d'ailleurs que la nouvelle cosmogonie, née de ces travaux, sera popularisée, quand il publiera, en 1916, un petit livre d'une lecture très agréable, *The Origin of the Earth*. Pour l'instant nous sommes en 1900, ce qu'il y a de nouveau et de positif, c'est cette association étroite de l'astronomie et de la géologie pour aborder le problème de la formation du système solaire. L'étude de Chamberlin se veut complémentaire de celle de Moulton, et un point commun aux deux articles intéressant, outre leur objectif, est la mention des photographies que J.E. Keeler[1] a faites de nébuleuses spirales. Nébuleuses spirales auxquelles, comme Moulton le mentionne à la fin de son article, la nébuleuse primitive « hétérogène à un degré jusqu'ici jamais envisagé » devait fort ressembler. En fait, les nébuleuses spirales, telles que l'on commençait à les mieux connaître, vont servir de guide privilégié dans le développement des travaux de Moulton et de Chamberlin.

Chamberlin, lui, consacre son article à la question du moment angulaire. Bien sûr, Babinet et Fouché l'ont déjà abordée, ainsi que Darwin et Moulton lui-même, mais Chamberlin étudie en détail la répartition du moment angulaire et se sert de ses résultats comme arme de guerre contre la théorie nébulaire de Laplace ; ce que ni Babinet ni Fouché n'avaient fait. Utilisant les données de Darwin, il commence par présenter les masses

1. James Edward Keeler (1857-1900), astronome américain, fondateur, avec George Hale, de la revue *The Astrophysical Journal*.

des corps du système solaire, la masse de la Terre étant prise pour unité, et les moments angulaires tels qu'ils peuvent être évalués en 1900.

Corps	Masse	Moment
Soleil	315511,00000	0,444 (min) -0,679 (max)
Mercure	0,06484	0,00079
Vénus	0,78829	0,01309
Terre	1,00000	0,01720
Mars	0,10199	0,00253
Jupiter	301,09710	13,46900
Saturne	90,10480	5,45600
Uranus	14,34140	1,32300
Neptune	16,01580	1,80600
Système solaire	315934,51422	22,53161-22,76661

Puis il estime les moments angulaires à différentes étapes de la nébuleuse primitive de Laplace. Ce qui lui permet, en en faisant la somme totale et des sommes partielles, de comparer les valeurs initiales et les valeurs actuelles à quatre distances du Soleil.

Corps	Moment calculé	Moment actuel	Rapport
Neptune	4848,055	22,76661	213
Jupiter	1996,420	14,18161	141
Terre	857,330	0,71008	1208
Mercure	512,290	0,67979	754

Le plus frappant n'est pas tant les écarts entre les valeurs calculées et celles observées que les irrégularités dans la série des rapports entre ces deux types de valeurs. C'est, pour Chamberlin, le signe que les divergences ne viennent pas d'une erreur dans les hypothèses sous-jacentes aux calculs mais bien du caractère erroné d'une partie au moins de la théorie nébulaire de Laplace.

De plus, dans l'évolution par refroidissement progressif de la nébuleuse sphéroïdale, que postule l'hypothèse de Laplace, il est raisonnable, sinon nécessaire, de trouver une certaine relation systématique et rationnelle entre les masses, qui se séparent de temps en temps de la nébuleuse, et le moment angulaire de ces masses, puisque la séparation est due à une cause commune progressive : l'accélération de la rotation. La comparaison de ces deux données ne fait apparaître aucune variation systématique.

Neptune	213 / 1
Jupiter	141 / 1
Terre	entre 1208 et 1801 / 1
Mercure	entre 754 et 1127 / 1

Là encore, non seulement les pourcentages sont en eux-mêmes extraordinaires, mais leur relation à chacun des autres est tout aussi étonnante, ce qui apparaît plus nettement encore lorsqu'ils sont ramenés, comme dans le tableau présenté ci-dessous, à une unité commune. En particulier, il est remarquable que, si grand que soit le rapport du moment angulaire de Jupiter à celui de la nébuleuse entière, il n'en soit pas moins proportionnellement l'un des plus petits de l'ensemble. C'est Mars qui se taille la part du lion !

Anneau	% de masse	% de moment	% ramené à une unité commune
Neptune	0,00507	07,93	0,0156
Uranus	0,00454	06,31	0,0139
Saturne	0,02852	27,78	0,0098
Jupiter	0,09531	94,97	0,00996
Mars	0,0000323	00,36	0,1099
Terre	0,0003160	02,42	0,0766
Vénus	0,0002495	01,89	0,0755
Mercure	0,0000205	00,12	0,0506

Enfin, avant de conclure, Chamberlin se pose la question de savoir si l'excès de moment angulaire des planètes par rapport à celui du Soleil ne peut pas être dû à un effet de marée. Pour montrer qu'il n'en est rien, il fait encore une fois appel aux travaux de Darwin. Et il lui faut conclure, comme Moulton... à regret : le résultat de cette enquête est clair, ces différentes relations sont incompatibles avec une évolution du système solaire à partir d'une nébuleuse gazeuse sphéroïdale soumise aux lois de l'équilibre hydrodynamique et se modifiant lentement par refroidissement. Elles sont également incompatibles avec l'évolution d'un sphéroïde météoritique soumis aux lois de l'équilibre convectif. Puisque ni Laplace ni les fervents des météorites ne donnent la clé de l'origine du système solaire, il faut proposer une autre théorie. À cette époque (1900), Chamberlin se contente de présenter quelques suggestions.

Il lui semble possible que la formation du système planétaire soit le fruit de la rencontre d'une petite nébuleuse ayant un fort moment angulaire avec une plus importante ayant en revanche un moment angulaire faible, ou nul, ou même contraire. La faible ellipticité des orbites planétaires actuelles oblitère gravement la cohérence d'une théorie de la formation du système à partir d'une telle supposition, mais la difficulté n'est pas insurmontable et l'hypothèse d'une nébuleuse originelle reste d'autant plus séduisante que l'abondance de nébuleuses spirales est attestée par les photographies du professeur Keeler. Certes, jusqu'à présent la connaissance de leur dynamique est insuffisante, mais ce que l'on sait de leur morphologie n'est pas incompatible avec la suggestion proposée.

Cette rencontre de nébuleuses n'est cependant qu'une suggestion manifestement insuffisamment étayée, et dont, de l'aveu même de Chamberlin, la seule justification était une répugnance naturelle à ne présenter qu'un résultat négatif – une répugnance d'autant plus grande que l'hypothèse que ce résultat conteste est peut-être la plus belle et la plus fascinante jamais offerte aux scientifiques.

Moulton et Chamberlin vont reprendre leurs travaux et Chamberlin présentera en 1905 son « hypothèse planétésimale ». C'est cette théorie qu'il popularisera en publiant *The Origin of the Earth* en 1916, l'année même où un article de H. Jeffreys[1] envoie cette hypothèse sinon aux oubliettes, du moins dans les poubelles de l'histoire, comme celles qui l'ont précédée. Nous y reviendrons. Pour Chamberlin, inutile de chercher à rendre compte à la fois de la formation du Soleil et de celle du système planétaire. Les deux problèmes sont totalement indépendants, le Soleil a existé bien avant que le système planétaire commençât son évolution. La meilleure preuve de cette indépendance se trouve dans le fait que le Soleil, qui possède 745/746 de la masse totale du système, ne détient que 2 % de son moment angulaire.

1. Sir Harold Jeffreys (1891-1989), géophysicien anglais. Cf. « On Certain Possible Distributions of Meteoric Bodies in the Solar System », *Monthly Notices of the Royal Astronomical Society*, n° 77, 1916, p. 84-112.

Le Soleil, donc, existe, étoile parmi les milliards d'étoiles de l'univers, mais l'une de celles-ci va passer à proximité du Soleil. Les forces de marée de cette rencontre vont en extraire une nébuleuse spirale, probablement plus petite que celles que montrent les photographies du professeur Keeler mais de même structure. Nous retrouvons donc une nébuleuse solaire ! Mais, Chamberlin le précise bien, le terme « nébuleuse solaire » ne doit pas être pris ici au sens habituel : il ne s'agit pas d'une nébuleuse qui se condense en soleil et en planètes mais d'une nébuleuse tirée du Soleil d'où viendront les planètes. Elles y sont d'ailleurs déjà presque présentes. Peu de matière a été arrachée au Soleil, qui sort presque indemne de la catastrophe. Autour de lui, une matière diffuse planétésimale et deux grands bras où des bouffées de matière plus dense, des planétoïdes, sont emprisonnées. Cette nébuleuse n'a jamais été en équilibre thermodynamique et un refroidissement progressif ne sera pas nécessaire à son évolution en masses planétaires. Les planètes vont se former autour de ces noyaux primitifs de grande taille par accrétion des matériaux diffus qui sont répandus à travers tout le système.

Le moins que l'on puisse dire est que le schéma manque de clarté ; en particulier, le terme « planétésimal » est l'un des plus flous de toute l'histoire de la cosmogonie. Moulton se gardera bien de l'utiliser dans l'article qu'il publie lui aussi en 1905 sur le même sujet[1]. Chamberlin lui-même en est très conscient, puisqu'il explique qu'il désigne non pas une matière différente de la matière météoritique, matière très utilisée à l'époque comme substrat des futures planètes et du Soleil lui-même, mais une organisation différente de cette matière. Il peut par exemple dire de la tête d'une comète qui vient de se disperser qu'« elle est dans l'état planétésimal » ; ou prendre comme exemple de mode d'« organisation planétésimale » les pluies météoritiques qui reviennent chaque

1. Cf. « On the Evolution of the Solar System », *The Astrophysical Journal*, 22, 1905, p. 165-181.

année en août et en septembre ; ou enfin présenter la nébuleuse originelle du système solaire sous la forme d'innombrables petits corps « planétésimaux » tournant autour d'une masse centrale, un peu comme les planètes aujourd'hui tournent autour du Soleil.

De toute façon, cet état planétésimal aura une durée de vie extrêmement courte... comme la théorie de Moulton et de Chamberlin ! Cette vie très brève des théories cosmogoniques est d'ailleurs une des caractéristiques de cette époque. Une théorie en chasse une autre très rapidement, toutes gardant toutefois un point commun : la rencontre initiale et catastrophique de deux étoiles. Le point le plus intéressant est de savoir comment la rencontre du Soleil et d'une étoile a pu générer cette nébuleuse contenant le système planétaire presque tel qu'il aurait pu sortir des mains du Créateur. Dans son article de 1905, Moulton donne un bon résumé d'une origine possible de la nébuleuse spirale :

> En ce qui concerne les mouvements relatifs, on peut supposer que deux étoiles peuvent passer parfois près l'une de l'autre, mais beaucoup moins fréquemment entrer en collision. Lorsque leurs deux masses importantes sont très proches, les forces mutuelles de marée sont très grandes. On suppose qu'un soleil, que nous appellerons S′, passe près d'un autre soleil, S, et provoque une gigantesque marée la face tournée vers S′, ainsi qu'une autre presque égale sur la face opposée. Il suit de la théorie bien connue des marées que l'effet sur S est équivalent à la diminution de son attraction dans la ligne passant par S′, et à une augmentation de cette attraction dans l'autre direction. Roche a montré que lorsque les corps sont plus proches que 2,44 fois leurs rayons, la self-gravitation de l'un d'eux est plus qu'équilibrée par les forces de marée différentielles de l'autre. Notre soleil fut alors agité par de grandes énergies comme celles qui maintenant produisent les protubérances [les éruptions solaires]. Les énormes forces de marée suivant la plus grande proximité de S′ ont accru les tendances éruptives de S vers et à partir de S′, et d'importantes quantités de matière ont été éjectées à grande vitesse dans les deux directions.

S'il n'y avait pas eu les effets perturbateurs de S′, ces masses éjectées seraient retombées sur le soleil, mais S′ les a tirées de leur chemin rectiligne et les a amenées à décrire des ellipses autour du soleil.

Considérons maintenant la figure 11. Supposons les masses P et P′ éjectées de S en directions opposées quand S′ était en S'_1 et considérons la caractéristique des forces perturbatrices quand S′ arrive en S'_2. Soit SA l'accélération de S′ sur S en direction et en grandeur. Soit, dans les mêmes unités, PB et P′B′ les accélérations de S′ sur P et P′, respectivement. Décomposons PB et P′B′ en deux composantes, de telle sorte que PC et P′C′ soient égales et parallèles à SA. Puisque SA, PC et P′C′ sont égaux et parallèles, les positions relatives de S, P et P′ ne sont pas perturbées. PD et P′D′ représentent alors les perturbations en direction et en grandeur. On note que P et P′ sont mises en mouvement autour de S dans le même sens que S′.

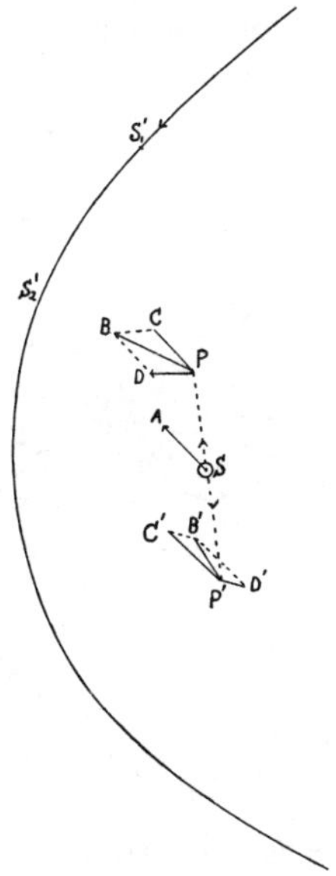

Figure 11

Si les caractéristiques de la force perturbatrice peuvent être montrées de cette façon, les résultats précis de l'action continue ne peuvent être déterminés que par le calcul. Ces calculs entraînent un gros travail, pour des forces perturbatrices très grandes, la courbe décrite est compliquée, et S′ se trouve durant plusieurs années proche de S pour modifier sensiblement les mouvements de P et P′. Les orbites décrites par la matière éjectée dépendent de la masse de S′, de la proximité de l'approche, de la position relative de S′ au moment de l'éjection de la matière et de la vitesse d'éjection. À présent, il est nécessaire de passer à une étude minutieuse de la connaissance de la dynamique de ce processus en traitant numériquement un grand nombre de cas spéciaux. Ce travail est désormais en route et dans tous les cas jusqu'ici considérés, P et P′ ont été trouvées mues sur des orbites elliptiques.
Il reste à montrer que la nébuleuse a eu une forme spirale immédiatement après les « départs » de S′.

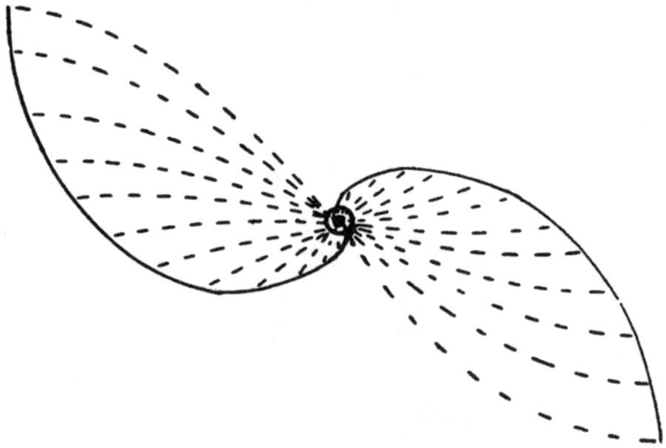

Figure 12

La figure 12 montre les positions de la masse éjectée à des intervalles successifs. Les lignes en pointillés sont les courbes réelles qui ont été décrites, et les lignes continues montrent la forme apparente de la spirale. Il y a évidemment une grande

> quantité de matière fine diffusée à travers le système. Le trait frappant de la nébuleuse est qu'il y a deux bras spiraux partant de deux côtés opposés de S. Ce que montrent précisément les photographies des nébuleuses spirales. Il faut noter que le mouvement n'est pas le long des lignes de la spirale, et que, par conséquent, comme la spirale croît en vieillissant elle sera de plus en plus enroulée.
> Sans doute les spirales qui ont été photographiées sont immensément plus vastes que celle à partir de laquelle notre système s'est développé et a donc un centre moins massif.

Dans la nébuleuse ainsi générée va se développer un système de planètes qui bénéficiera des propriétés *ad hoc*. Les planètes tournent dans la même direction et approximativement dans le même plan ; le Soleil tourne dans cette même direction ; plus une planète grossit, plus son orbite devient circulaire ; les planètes tournent sur elles-mêmes dans le sens direct et approximativement dans le plan de leur orbite ; plus une planète grossit par accrétion de la matière diffuse, plus elle tourne rapidement sur elle-même ; les noyaux planétaires (planétoïdes) peuvent être originellement accompagnés de plusieurs noyaux satellites tournant dans n'importe quelle direction, mais dans la plupart des cas la résistance qu'offre la matière diffuse tendra à précipiter ces satellites sur le noyau principal ; pour les survivants, la matière diffuse développe et conserve la circularité des orbites des satellites s'ils font leur révolution dans le sens direct, mais donne une grande excentricité dans le cas des révolutions rétrogrades ; les petites planètes seront froides et denses, les grosses… chaudes et ténues ; enfin, la plus grande partie du moment angulaire est allouée aux planètes. C'est vraiment trop beau pour être vrai ! Pourtant, Moulton termine son exposition par « il ne reste plus qu'à montrer que toutes ces déclarations sont vraies ».

Ici apparaît l'« avantage » des théories catastrophistes, pour leurs auteurs tout au moins. Dans le cas de l'hypothèse nébulaire, le cosmogoniste ne dispose, comme le signalait Belot, que de très peu de paramètres, mais dans le cas présent, c'est l'abondance ! Prenons l'exemple de la formation des satellites. Lorsqu'un noyau s'échappe du Soleil, il peut être accompagné de plusieurs petits noyaux secondaires sur la vitesse desquels on peut jouer. Quand la vitesse d'un noyau secondaire est très petite relativement à celle du noyau primaire, il est attiré dans la masse la plus grande et perd son existence indépendante ; quand la vitesse du noyau secondaire est au contraire très grande par rapport à celle du noyau primaire, il échappe au contrôle gravitationnel de celle-ci et commence une carrière d'objet indépendant ; dans les autres cas, le noyau secondaire tourne autour du noyau primaire, et, nouvelle chance, il n'y a pas de raison de supposer qu'il y avait une certaine direction générale de révolution. Ce qui va permettre de classer les noyaux secondaires en trois catégories selon la position du plan de leur orbite et selon le sens de leur révolution. Première catégorie, celle des noyaux secondaires dont le plan de révolution est très incliné sur celui de leur noyau principal. Deuxième catégorie, celle des noyaux secondaires dont le plan de révolution est peu incliné et qui tournent dans le sens direct. Troisième catégorie, celle des noyaux secondaires vérifiant la même première condition que ci-dessus, mais tournant dans le sens rétrograde.

Trois cas de vitesse et trois catégories « géométriques », voilà de quoi rendre compte de toutes les normalités et de toutes les singularités des systèmes de satellites. Laplace a bonne mine avec ses anneaux quasi coplanaires et ses vitesses régies par la troisième loi de Kepler. L'inconvénient, c'est que nous ne saurons jamais pourquoi un noyau secondaire peut s'échapper du Soleil avec une vitesse beaucoup plus grande ou beaucoup plus petite que celle de son noyau principal. À la limite, il s'agit d'un jeu mathématique qui repose sur des bases physiques bien fragiles, encore que bien souvent les démonstrations soient plus qualitatives que mathématiques. Les raisons pour lesquelles la théorie de Moulton et Chamberlin disparaîtra vite de la scène, de même que toutes les théories catastrophistes, illustrent ce fait. Mais nous n'en sommes alors qu'aux premiers pas de ces théories.

IX. Le déclin des théories catastrophistes

Face à l'ancien monopole de l'hypothèse nébulaire, nous trouvons maintenant trois théories, respectivement dues à See, à Belot et au duo Moulton et Chamberlin : celle de la capture, celle de la rencontre d'un tube tourbillon et d'une nébuleuse amorphe, celle de la rencontre de deux étoiles. Les réactions des partisans de la théorie nébulaire seront faibles, et tout particulièrement celles des Français, pourtant fort attachés à toute l'œuvre de Laplace. Poincaré ne consacre que quelques pages de ses *Leçons sur les hypothèses cosmogoniques* à l'étude des travaux de See et de Belot et ne mentionne pas même les noms de Moulton et de Chamberlin. Est-ce parce que finalement la part de mécanique céleste de ces travaux dépend totalement des études de Darwin, auxquelles il a consacré plus de soixante pages ? La seule réaction française viendra de Charles André[1] – c'est en critiquant les travaux de See qu'il sera amené à mentionner ceux de Moulton. « D'après un vieux proverbe français quand on veut tuer son chien, on commence par dire qu'il est enragé, Monsieur T.J.J. See procède de même avec la théorie de Laplace », écrit-il dès les premières lignes de l'article qu'il publie en 1912 dans *Scientia*[2]. Le ton est plus celui de la polémique que du débat scientifique. Quelle est donc cette rage dont

1. Charles André (1842-1912), astronome français qui publia *Les Planètes et leur origine*, Paris, Gauthier-Villars, 1909.

2. Voir « L'hypothèse nébulaire de Laplace et la théorie de la capture de M. T.J.J. See », *Scientia*, vol. XI, 1912, XXII.2, p. 153.

See cherche à affliger la théorie de Laplace avant de la tuer ? Celle que l'on peut diagnostiquer par le critérium de Babinet ! Nous voici revenus encore une fois au problème de la répartition du moment angulaire. En effet, See avait utilisé ce qu'il appelle le « critérium de Babinet » pour abandonner la théorie nébulaire et introduire à sa place la théorie de la capture, ou de l'« addition du dehors ». Ch. André écrit :

> Pour mon compte personnel, avant les écrits de M. See, j'ignorais complètement ce soi-disant critérium ; et les astronomes qu'il m'a été donné d'interroger sur ce sujet n'en savaient pas plus que moi ; qu'est-ce donc que ce fameux critérium, qui surgit tout à coup dans la science comme un capucin qu'un coup brusque fait jaillir de sa boîte[1] ?

See citait de même l'article que Moulton venait de publier dans *The Astrophysical Journal.* Article que rejette également André :

> La critique de Moulton, ici citée, part de la même hypothèse que celle de M. See pour le critérium de Babinet ; quelle que soit la loi de variation de la densité avec la distance au centre, que cet auteur ajoute au calcul simple de See, son travail, pas plus que le premier, ne prouve rien contre la théorie de Laplace[2].

Il est vrai que l'article de Babinet était une critique non pas de la cosmogonie de Laplace mais de celle des astronomes qui pensaient que le Soleil lui-même avait été primitivement dilaté de manière à remplir l'espace entier qu'occupent actuellement les planètes – quoique Laplace mentionne expressément qu'au moment de la formation de ces corps, c'est l'atmosphère seule du Soleil qui a eu cette vaste étendue. Mais, nous l'avons déjà dit, il faut bien s'intéresser à l'état antérieur et il est clair qu'un

1. *Ibid.*, p. 154.
2. *Ibid.*, p. 161.

évolutionniste conséquent doit arriver à cette conclusion que le Soleil, comme les planètes, est né de la nébuleuse primitive. C'est bien pour cette raison que Moulton a analysé l'hypothèse nébulaire non seulement sous sa forme originelle mais telle qu'il était raisonnable de la modifier en fonction des dernières découvertes. Croire que l'on puisse sauver la théorie nébulaire en niant que le problème de la répartition du moment angulaire existe, comme le fait Ch. André, est vraiment naïf. Nous verrons que lorsque l'hypothèse nébulaire triomphera à nouveau, ce ne sera pas grâce à ceux qui continueront d'éluder ce problème fondamental – il y en aura encore dans les années 1950 –, mais bien grâce à ceux qui l'aborderont de front et proposeront une solution.

1. Jeffreys et Jeans

Pour l'instant, le contre-feu de Charles André est inefficace, et probablement même totalement ignoré des astrophysiciens américains et anglais, qui développeront la théorie de la rencontre de deux étoiles. Il y avait pourtant des critiques à faire aux premiers travaux de Moulton et Chamberlin. En particulier, il est assez étrange que, après avoir découvert que la répartition actuelle du moment angulaire est l'argument le plus destructeur de la théorie de Laplace, ni l'un ni l'autre ne songent à appliquer cette même analyse aux hypothèses qu'ils proposent ! Ce fait, joint à leur utilisation permanente des travaux de Darwin, autorise à se demander s'ils disposaient des moyens de leurs ambitions.

En décembre 1916, paraît un article de H. Jeffreys sur la distribution des météorites dans le système solaire[1]. La troisième

1. H. Jeffreys, « On Certain Possible Distributions of Meteoric Bodies in the Solar System », art. cité, p. 84-112 ; voir également « Theories Regarding the Origin of the Solar System », *Science Progress*, n° 12, juillet 1917, p. 52-62.

et dernière partie de cet article est consacrée à l'hypothèse planétésimale de Chamberlin et Moulton. Jeffreys résume d'abord les objections qui ont été faites à l'hypothèse nébulaire de Laplace, puis montre que si l'hypothèse de Chamberlin est sujette à moins d'objections, on peut tout de même lui en opposer une de taille : à savoir que les collisions entre les petits corps seront si fréquentes, et interviendront avec de si grandes vitesses, que les particules seront fondues et volatilisées avant que l'accrétion puisse produire aucun effet important sur des corps aussi grands que les planètes. Si les « planétésimaux » étaient supposés avoir des mouvements initiaux sur des orbites presque circulaires, cette objection serait évitée, mais cette théorie exige des orbites initiales très elliptiques. Paradoxe extraordinaire, Jeffreys montre que la nébuleuse de Moulton et Chamberlin, avec ses planétoïdes et ses masses planétésimales, non seulement ne s'organise pas en système planétaire mais évolue lentement vers une nébuleuse de type laplacien ! Et il termine en proposant une hypothèse qui cumule les avantages de l'hypothèse nébulaire et ceux de l'hypothèse planétésimale : à l'origine, une nébuleuse gazeuse avec une très forte condensation centrale, et probablement très hétérogène, mais se mouvant de telle sorte que la période de rotation autour du centre dépende de la distance à ce centre. Ainsi, le critérium de Babinet sera satisfait.

Un mois plus tard, J.H. Jeans renvoie tout le monde dos à dos. Dans son article de janvier 1917, il présente les résultats de ses travaux sur le rôle de la rotation dans l'évolution cosmique[1]. Pour lui, il existe deux cas où une masse peut être rompue sous l'effet d'une rotation. Le premier est celui décrit par Poincaré et par Darwin : la masse à l'origine sphéroïdale commence par s'aplatir et perd alors sa symétrie, devenant d'abord ellipsoïdale, puis piriforme, et elle finit par abandonner un satellite.

1. Cf. J.H. Jeans, « The Part Played by Rotation in Cosmic Evolution », *Monthly Notices of the Royal Astronomical Society*, n° 77, 1917, p. 186-199.

Le second est celui décrit par Laplace et par Roche : l'étape d'aplatissement est directement suivie par la formation d'un anneau de matière à l'équateur, et cet anneau peut se briser en satellites. Ces deux cas représentatifs sont les seuls possibles et, pour Jeans, aucun ne semble être capable d'expliquer la genèse de notre système solaire : le premier mode de rupture conduit à la formation d'un système d'étoile double, le second à celle d'une nébuleuse spirale où la matière éjectée ne sera capable de se condenser en masses séparées que si la masse originale est beaucoup plus grande que la masse de notre Soleil. D'après lui, la nébuleuse de Jeffreys ne peut pas avoir généré notre système solaire.

Encore quelques mois plus tard, c'est de nouveau Jeans qui modifie la catastrophe initiale. Il publie un article important dans lequel il évoque, pour la première fois, cet immense filament quasi liquide arraché au Soleil par les forces de marée dues à une étoile de passage, filament qui désormais remplace la nébuleuse à deux bras spiraux de Moulton et de Chamberlin[1]. Jeffreys, qui accompagnera toujours Jeans dans cette marche – on pourrait dire dans cette fuite en avant – de la théorie catastrophiste, reprend et développe l'étude de la formation et de la transformation d'un tel filament, et montre entre autres que les durées nécessaires à la formation du système solaire sont tout à fait compatibles avec l'âge de la Terre, que l'on sait maintenant apprécier à partir de la radioactivité. Désormais c'est Jeans qui occupe le devant de la scène, et qui durant vingt ans verra son nom associé à cette hypothèse cosmogonique ; même s'il est vrai que Jeffreys ne s'est souvent contenté que de confirmer ou de modifier sur des points mineurs les études de Jeans, la renommée de son concurrent n'a pas que des raisons scientifiques : le livre qu'il a publié en

1. Cf. J.H. Jeans, « The Motion of Tidally-Distorded Masses with Special Reference to Theories of Cosmogony », *Memoirs of the Royal Astronomical Society*, n° 62, pt. 1, p. 1-48.

1919, et qui présente des travaux ayant obtenu le prix Adams en 1917, a connu un grand succès et a beaucoup fait pour cette renommée au-delà des milieux scientifiques[1].

Dans un premier temps, donc, ce filament va se montrer plus apte à générer un système solaire que la nébuleuse spirale qui l'a précédé. Il présente le même avantage, celui de faire découler les moments angulaires à l'intérieur du système planétaire d'un phénomène extérieur, ce qui permet d'adapter ce phénomène extérieur aux conditions qui règnent aujourd'hui dans le système. De plus, la théorie du filament rompt avec cette analogie assez artificielle entre les nébuleuses du professeur Keeler et le système solaire. Jeans fait remarquer que si une masse centrale avec un bras spiral se présente comme une étape cruciale dans l'évolution de presque tous les phénomènes célestes à très grande échelle (tels que les nébuleuses, les amas d'étoiles, les étoiles doubles ou multiples), ces spirales ne sont certainement pas utiles dans l'étude d'un système planétaire comme le nôtre.

Jeans a raison de se méfier des recours systématiques à l'analogie, ils sont toujours le signe qu'une théorie n'a pas su trouver son propre appareil théorique. Dès les premières pages de *Problems of Cosmogony and Stellar Dynamics*, il écrit :

> Jusqu'à la découverte des nébuleuses spirales, la plupart des théories cosmogoniques cherchaient à prouver que les anneaux de Saturne (les plus extraordinaires objets astronomiques alors connus) étaient une étape intermédiaire dans l'évolution des systèmes planétaires : depuis la découverte des nébuleuses spirales, la tendance a été de tenter de prouver que ce sont les nébuleuses spirales qui constituent le maillon en question[2].

---

1. *Problems of Cosmogony and Stellar Dynamics*, Cambridge, Cambridge at the University Press, 1919.

2. *Ibid.*, p. 18.

Mais ces remarques, épistémologiquement justes, ne sont pas sans arrière-pensées métaphysiques. Jeans, nous l'avons déjà mentionné, est de ceux qui tiennent à l'unicité du système solaire dans l'univers : prendre comme modèles de systèmes planétaires en formation les nébuleuses spirales qui abondent dans le ciel, c'est admettre au bout du raisonnement que lesdits systèmes sont légion et qu'il n'est pas impossible que beaucoup d'entre eux soient habités.

L'éjection d'un gros filament du Soleil, comme Jeans le suppose, semble préserver la possibilité d'une condensation en corps planétaires, puisque la masse du filament produit une attraction gravitationnelle suffisante en elle-même, prévenant de ce fait le risque d'une dissipation ultérieure de la matière solaire. Toutefois, le détail des processus envisagés par Jeans restait, comme H.N. Russell[1] l'a fait remarquer, aussi conjectural que ses explications apparemment ingénieuses de la formation des systèmes de satellites autour des planètes. Il imaginait que, lorsque la planète nouvellement formée et en partie liquide passait pour la première fois au plus près du Soleil, celui-ci en tirait un système de satellites comme l'étoile parasite l'avait fait pour les planètes elles-mêmes à partir du Soleil.

Quant à la formation de la Lune, elle demeurait inexpliquée, ce qui pour lui n'était pas un défaut majeur puisque sa théorie le partageait avec toutes les autres. Si l'on en juge par les dernières lignes de la conclusion de son grand livre, que nous donnons ci-dessous, Jeans devait même être assez satisfait de l'aspect inexplicable du système Terre-Lune : « prototype des singularités célestes qui multiplient les barrières sinon à la présence d'autres hommes dans l'univers, du moins à la possibilité de l'envisager scientifiquement ».

De toute façon, son objectif n'était pas de conclure : le temps d'une conclusion n'était pas encore venu en cosmogonie. Ses

1. Henry Norris Russell (1877-1957), astronome américain.

travaux visaient simplement à explorer différentes hypothèses et à juger de leur validité, laissant aux progrès des observations et des connaissances mathématiques le soin de trancher entre chacune d'elles. Un schéma cependant lui semble assez probable, qu'il résume à la fin de son article de 1917.

Il y a quelques centaines de millions d'années, les étoiles de notre galaxie formaient une masse unique de gaz extrêmement ténue en lente rotation sur elle-même. Comme Laplace l'a imaginé, cette masse se contracte – à cause d'une perte d'énergie par radiation –, ce qui accroît sa vitesse angulaire jusqu'à ce qu'elle prenne une forme lenticulaire. Après quoi, une contraction plus importante devient impossible et le système commence à s'étendre. Le mécanisme d'expansion, alimenté par la matière rejetée à partir du bord effilé du disque lenticulaire, engendre une « nébuleuse spirale », le centre constituant un noyau, la matière rejetée, elle, formant les bras de cette nébuleuse spirale. Les longs filaments qui constituent les bras étant gravitationnellement instables, ils génèrent d'abord une chaîne de condensations autour de noyaux, puis ils se séparent les uns des autres. Une nouvelle phase de contraction accroît alors la température de ces masses jusqu'à ce qu'elles deviennent incandescentes et commencent à briller comme toutes les étoiles. En même temps, leur vitesse de rotation s'accroît également, jusqu'à provoquer une dislocation en un système binaire. La majorité des étoiles se séparent de leurs voisines et forment ainsi un amas d'étoiles – notre univers galactique actuel, dans lequel la forme aplatie de la nébuleuse originelle se devine encore dans la concentration près du plan galactique, tandis que le mouvement initial le long des bras de la nébuleuse persiste sous la forme des « courants d'étoiles ».

Dans certains cas, une paire ou un petit groupe d'étoiles se rassemblent et sous l'effet de l'attraction gravitationnelle commencent à décrire des orbites les unes autour des autres. Les étoiles qui se sont formées les dernières, comme les étoiles de type B, ont été exceptionnellement à l'abri des perturbations dues aux étoiles voisines, en partie parce qu'elles sont nées quand les étoiles proches avaient presque cessé d'interférer avec d'autres, en partie parce que leur masse exceptionnellement importante minimise les effets de ces interférences.

Toutefois, de temps à autre, il arrive que deux étoiles passent très près l'une de l'autre. Ainsi, pense Jeans, il y a environ 300 millions d'années, notre Soleil a vécu une telle rencontre, une étoile très massive frôlant quasiment sa surface et provoquant l'éjection d'un courant de gaz. À cette époque, le Soleil devait être sombre et froid, et sa densité si peu élevée que son rayon était peut-être du même ordre que le rayon actuel de l'orbite de Neptune. Le jet de matière éjectée se refroidit encore par rayonnement ; il peut alors se condenser en liquide vers ses extrémités et peut-être partiellement aussi vers son milieu. Un tel jet de matière est instable et se sépare en noyaux indépendants qui deviendront des planètes. Les planètes les plus liquides, en fin de chaîne, auront de très petites masses – comme Mercure, Vénus, Mars et la Terre –, le centre gazeux donnera les plus grosses planètes – Jupiter et Saturne. Grâce à la vitesse orbitale qui a été communiquée à ces planètes par l'étoile de passage, elles ne retomberont pas sur le Soleil mais décriront des orbites elliptiques, passant assez près de sa surface. Lors de ces passages relativement proches du Soleil, le processus qui a extrait les planètes du Soleil extraira les satellites des planètes. Les systèmes de satellites de Jupiter et de Saturne s'expliquent assez facilement par ce processus, mais il n'en est pas de même pour ceux de Neptune, d'Uranus, de Mars et de la Terre. Le système qui nous concerne le plus, à savoir le système Terre-Lune, est justement le plus difficile à expliquer. Et, pour Jeans, le système Terre-Lune est exceptionnel dans le système des planètes, exactement comme le système solaire – auquel il appartient – apparaît exceptionnel et, peut-être, unique dans le système des étoiles !

2. Russell, Lyttleton et Luyten

Ironie du sort, c'est la loi de conservation du moment angulaire qui sera fatale aux théories de Jeans et de Jeffreys, et finalement, à cause des complications apportées, à toutes les théories catastrophistes. H.N. Russell a publié, en 1935, un petit livre passionnant, *The Solar System and its Origin*, dont on s'étonne qu'il n'ait pas eu le même succès que celui de Jeans. Dans le dernier chapitre, Russell fait une critique des cosmogonies du passé et en particulier de celle de Jeans et de Jeffreys. Il soulève, entre autres, une objection fondamentale à la nouvelle cosmogonie : en appliquant la loi de conservation du moment angulaire, il montre l'impossibilité de la formation d'un filament tel que Jeans et Jeffreys l'envisagent.

Si la collision entre le Soleil et l'étoile de passage est presque directe, alors le filament arraché au Soleil est effectivement suffisant pour donner naissance aux planètes par fragmentation, mais les vitesses connues des étoiles sont si faibles (quelques centaines de kilomètres par seconde au plus) que pour conserver la quantité de mouvement les planètes formées devraient circuler à des distances très modestes du Soleil, ce qui n'est pas le cas. Si, en revanche, on envisage une collision qui respecte les quantités de mouvement connues des planètes, l'étoile perturbatrice doit passer si loin du Soleil qu'il n'en résultera qu'une petite vague à la surface de celui-ci, tout à fait incapable de générer un système planétaire.

Toutefois, probablement à cause de ce problème de conservation de la quantité de mouvement, Russell reste attaché à une théorie catastrophiste et propose pour résoudre la contradiction de compliquer le problème. Ainsi, initialement, notre Soleil était une étoile double – il n'y a là rien de surprenant puisque les étoiles vivent le plus souvent par couple ; puis une étoile de passage a brisé la compagne de notre Soleil, et c'est de cette rupture dramatique qu'est né le système planétaire.

L'étude mécanique d'un tel système est très difficile et ce n'est pas Russell qui la tentera, mais Lyttleton[1] et Luyten[2]. La critique de Russell a montré que l'un des points essentiels de ce type de rencontre était de savoir quelle quantité de matière était effectivement capturée par le Soleil pour former un système planétaire. En présence donc, le Soleil, que nous désignerons par S, sa compagne C et l'étoile perturbatrice P. Lyttleton et Luyten imaginent le scénario suivant : après la catastrophe, C et P sont reliées par un filament de matière dans lequel les vitesses varient grossièrement linéairement de la vitesse de C à celle de P. Puis ce filament se brise en fragments qui deviendront les planètes, mais qui, pour le moment, continuent leur chemin sous l'attraction de P et du reste de C. Pour que S puisse capter ces fragments, il faut qu'ils échappent à l'attraction du système C-P, donc que leur vitesse soit supérieure à la vitesse dite « d'échappement ». C'est Lyttleton qui a mis correctement ce problème en équations[3]. Si l'on suppose que la vitesse relative de P par rapport à C est ce que l'on appelle la « vitesse parabolique », c'est-à-dire que lorsque P s'éloigne de C la vitesse décroît pour s'annuler à l'infini, alors les points du filament proches de C, qui ont une vitesse voisine de celle de C, ne peuvent pas échapper à l'attraction de C, et il en est de même de ceux qui sont proches de P. On ne peut espérer une fuite que dans la région médiane du filament, mais si la vitesse de P par rapport à C est juste la vitesse parabolique, théoriquement un seul point, en tout cas une faible partie, peut échapper à l'attraction du système C-P et rejoindre S. Lorsque la vitesse est hyperbolique, la situation est un peu plus favorable et une fraction un peu plus

1. Raymond A. Lyttleton (1911-1995), astronome anglais.

2. William Jacob Luyten (1899-1994), astronome américain d'origine hollandaise.

3. Cf. R.A. Lyttleton, « Dynamical Calculations Relating to the Origin of the Solar System », *Monthly Notices of the Royal Astronomical Society*, vol. 121, n° 6, 1960, p. 551-569.

importante du filament peut s'échapper, mais le calcul montre que seulement 0,005 de la masse du filament peut rejoindre S, ce qui entraîne que le filament lui-même devrait avoir une masse énorme, au moins le cinquième de celle de S, pour avoir quelque chance de générer le système planétaire. Or les prévisions les plus optimistes donnent 0,05 masse solaire pour la masse du filament. La masse capturée par S est alors à peine capable de générer Jupiter.

Pour répondre à cette objection, Lyttleton se voit obligé de modifier son scénario. Le système initial est toujours constitué de trois étoiles, mais cette fois-ci d'une part c'est l'étoile perturbatrice qui est double, et même une double serrée, et d'autre part, sous l'effet de l'accrétion, l'étoile double devient une étoile unique… pour bientôt se rompre en deux étoiles nouvelles. Au moment de cette ultime séparation, un filament se développe entre les deux étoiles, qui sera capté par le Soleil pour former les planètes !

3. Spitzer

Le scénario est devenu si compliqué et si arbitraire qu'il est probable que, même sans la critique que Spitzer[1] a faite de toutes ces théories des filaments arrachés, la théorie de Lyttleton serait morte de mort naturelle. En effet, Spitzer a montré que, sous l'influence du rayonnement qui y est emprisonné, les filaments ainsi formés sont éminemment instables[2].

À cette époque, la physique des étoiles commence à être mieux connue. On apprend que, dans les étoiles, la densité croît très lentement vers l'intérieur des couches superficielles, et l'on sait estimer la masse d'une couche de matière

1. Lyman Spitzer (1914-1997), astronome américain.

2. Cf. L. Spitzer, « The Dissipation of Planetary Filament », *Astrophysical Journal*, n° 90, 1939.

du Soleil située au-delà d'une sphère de rayon donné, ainsi que sa température :

Température : 2.10^6 3.10^6 4.10^6 (en degrés K)
Masse : 0,001 0,02 0,05 (en masses solaires)

L'objection est claire : même si la matière des planètes ne provenait que des couches superficielles de l'étoile, la quantité nécessaire à la formation du système est telle qu'il devrait être à une température de l'ordre du million de degrés. Spitzer montre que cette matière ne peut se condenser qu'en se refroidissant, mais alors le temps nécessaire à ce refroidissement peut être comparé au temps nécessaire à ce que la vitesse d'expansion du filament, sous l'effet de la pression de radiation, atteigne la vitesse d'échappement. La haute température de la matière arrachée fait que la vitesse d'expansion est tellement supérieure à la vitesse de refroidissement que le filament éclate à peine formé.

Nous sommes en 1939, pour la plupart des astronomes la question n'est plus de savoir comment notre Terre a bien pu se former, mais si elle sera dominée par une horde de nouveaux barbares aux cheveux blonds et aux yeux bleus qu'un dictateur sanglant, aux cheveux et aux yeux noirs, vient de persuader qu'ils sont d'une race supérieure.

4. Dauvillier

Dans les années 1940, alors que les cosmogonistes abandonnent majoritairement le dualisme des théories catastrophistes et reviennent à la théorie moniste de la nébuleuse primitive, A. Dauvillier[1] entreprend une n-ième variante de la rencontre du Soleil et d'une étoile perturbatrice, qui engendre dans un

1. Alexandre Dauvillier (1892-1979), astronome français, professeur au Collège de France.

premier temps… deux systèmes solaires. En 1947, il publie sa théorie des planètes jumelles[1] !

De nouveau, donc, un astre troublant passe au voisinage du Soleil et engendre une perturbation de très courte durée au regard des échelles de temps cosmogoniques. Il en résulte une déformation temporaire de cet astre selon un ellipsoïde de Jacobi. L'impulsion de rotation communiquée à cet ellipsoïde sera l'origine de sa rotation différentielle actuelle. Et, point important, ce passage provoquera, en outre, l'émission, dans le plan des orbites, de deux jets radiaux antipodiques de matière photosphérique tournant avec le Soleil, l'énergie de rotation du système étant empruntée à la force vive des deux corps célestes.

Soucieux de répondre à la critique de Spitzer, Dauvillier examine la nature de la matière des jets symétriques qui accompagnent la rotation du Soleil. Ces jets auront chacun au moins une masse égale à la masse totale des planètes et de leurs satellites ; ils s'échapperont avec une vitesse au moins égale à la vitesse parabolique (600 kilomètres/seconde). Ils seront nécessairement issus des couches superficielles du Soleil, c'est-à-dire de la photosphère dont, de l'aveu même de Dauvillier, la nature malheureusement – à cette époque – est mal connue. Qu'importe, il suffit de lui trouver une propriété qui assure une certaine stabilité aux jets émis par la rencontre, tout en permettant leur fragmentation et leur fixation dans le plan orbital à des distances qui s'accordent avec la relation de Titius-Bode ! Cette propriété sera électromagnétique : elle assurera aux deux jets une stabilité électrostatique temporaire et ils seront fragmentés et fixés dans leur plan, selon une distribution exponentielle, par l'action de jets électriques issus du Soleil et décrivant des spirales logarithmiques sous l'influence du champ magnétique solaire.

Cette introduction de l'électromagnétisme n'est pas une idée de Dauvillier, qui, ayant précisé que le problème de l'origine

1. A. Dauvillier, *Genèse, nature et évolution des planètes*, Paris, Librairie Hermann et Cie, éditeurs, 1947.

du système solaire n'est pas seulement un problème de mécanique céleste, mais également d'électromagnétisme, faisant appel aux propriétés électriques de la matière solaire, rappelle que la première tentative de cosmogonie électromagnétique est due à K. Birkeland[1], en 1912. Dans une courte note, celui-ci, supposant le Soleil chargé à un potentiel négatif très élevé et entouré d'un champ magnétique, montrait que des ions positifs et négatifs, émis par désintégration cathodique dans le plan équatorial, peuvent décrire des trajectoires spiralées limitées par une circonférence.

Les planètes simultanément engendrées par un tel mécanisme, décrivant des orbites elliptiques sécantes et peu dissymétriques autour du Soleil, se rencontreront au bout de très peu de temps, les durées des révolutions planétaires étant négligeables du point de vue cosmogonique.

Les phénomènes accompagnant cette rencontre de leur masse conditionnent leur état physique à cette époque.

1) Les grosses planètes, encore au stade pseudo-stellaire, verront leur réunion s'accompagner de marées reproduisant en petit les phénomènes ayant donné naissance aux planètes lors du passage de l'astre troublant à proximité du Soleil. Il en résultera la formation de couple de satellites jumeaux, caractérisés par une loi exponentielle de distance à la planète et qui fusionneront bientôt. La rotation différentielle des grosses planètes aurait ainsi la même origine que celle du Soleil.

2) Les petites planètes, comme Vénus et la Terre, de masse 1 000 fois moindre, déjà liquéfiées, ne pourront plus produire de satellites normaux. Mais la réunion de deux ellipsoïdes fluides aplatis pourra, sous une incidence favorable, s'accompagner d'un accroissement de la vitesse de rotation engendrant le piroïde de Poincaré, se scindant et évoluant selon la théorie de Darwin. Il en résultera la formation du satellite exceptionnel

1. Kristian Birkeland (1867-1917), astronome norvégien. Il vient à Paris en 1892 et y suit le cours de Poincaré sur les ondes hertziennes.

qu'est la Lune – ceux de Mars étant, pour maintes raisons, des astéroïdes capturés.

3) Enfin, la rencontre tardive, par suite de leur petitesse, des deux astres minuscules qui devaient constituer la planète d'Olbers[1] a trouvé ceux-ci complètement solidifiés et déjà parvenus au terme de leur évolution chimique et minéralogique. Les forces de marée ont provoqué leur rupture et ils ont donné naissance à la presque totalité de la matière solide dispersée dans le système solaire (astéroïdes, météorites, comètes, poussière cosmique), à l'exception des étoiles filantes excédant la vitesse parabolique.

La théorie de Dauvillier donne ainsi la base qui leur manquait aux célèbres hypothèses de Poincaré, de Darwin et d'Olbers. On ne comprenait pas par quel processus la Terre avait pu acquérir la grande vitesse de rotation nécessaire pour donner naissance au piroïde, ni comment la Lune avait pu naître à la distance de 2,5 rayons terrestres. L'explosion spontanée de la planète d'Olbers était tout aussi inconcevable. Cette théorie explique également la circularité remarquable des orbites planétaires, conséquence de la combinaison des orbites symétriques des planètes jumelles. L'excentricité et l'inclinaison de l'orbite de Pluton, ainsi que les caractères exceptionnels du satellite de Neptune, suggèrent que ce dernier est vraisemblablement la planète jumelle de Pluton captée par Neptune.

1. Cf. p. 82, n. 4.

X. Le retour de l'hypothèse nébulaire

L'échec des théories catastrophistes, d'un point de vue aussi bien dynamique que physique, remet en piste l'hypothèse nébulaire, qui n'avait d'ailleurs jamais été totalement abandonnée. De nombreux travaux vont contribuer à sa relance, à son approfondissement et à sa nouvelle domination. Bien que l'échec des théories catastrophistes, après celui des premières théories évolutionnistes, ait montré, s'il en était encore besoin, l'importance de la répartition du moment angulaire dans le système solaire, les nouveaux évolutionnistes vont se diviser en deux groupes : ceux qui continuent de mettre le problème entre parenthèses, soit qu'ils le traitent distinctement, soit qu'ils le gardent pour des jours meilleurs ou pour des collègues plus imaginatifs, et ceux qui d'emblée le prennent en compte quoi qu'il en coûte. Dans le premier groupe, on trouve des noms aussi importants que ceux de Weizsäcker[1], Ter Haar[2], Kuiper[3] et Schmidt[4].

1. Carl Friedrich von Weizsäcker (1912-2007), physicien allemand. On lui doit la découverte d'une des réactions nucléaires qui commandent le débit d'énergie des étoiles : le cycle du carbone (1938).
2. Dick Ter Haar, astrophysicien hollandais, né en 1919.
3. Gerard Pieter Kuiper (1905-1973), astronome américain d'origine hollandaise.
4. Otto Schmidt (1891-1956), astronome russe.

1. Weizsäcker

Weizsäcker revient à l'hypothèse nébulaire, mais il réintroduit à l'intérieur de la nébuleuse les tourbillons de matière chers à Descartes et, plus près, à Belot. Dans la première version de sa cosmogonie, il imagine que dans la nébuleuse plate et gazeuse qui entoure le Soleil déjà formé s'établit un système de tourbillons stables. Ce système est assez comparable à celui des roulements à billes[1] : dans cet ensemble de roulements concentriques, les différents anneaux tournent dans un sens et les billes dans l'autre sens, chaque anneau contenant le même nombre de tourbillons (cf. fig. 13). Le principal souci de Weizsäcker est de rendre compte de la loi des distances des planètes au Soleil. Par un raisonnement dont la rigueur laisse à désirer, il montre que le nombre des tourbillons doit être égal à cinq. La conséquence essentielle de cet arrangement, et de ses hypothèses simplificatrices, est l'accord avec la relation de Titius-Bode, accord dont nous avons déjà fait remarquer qu'il était plus spectaculaire que révélateur de la justesse d'une cosmogonie. Weizsäcker suggère par ailleurs un processus de formation des planètes assez inattendu : ce n'est pas, comme on pouvait le penser *a priori*, dans les tourbillons que vont se former les globules qui donneront eux-mêmes les planètes, mais dans les espaces libres formés par trois tourbillons en contact (cf. fig. 14). L'apparition de globules est indispensable pour amorcer la croissance des proto-planètes et, si les collisions entre particules et globules sont aptes à favoriser la croissance de ceux-ci jusqu'à ce qu'ils atteignent une grandeur suffisante pour ensuite attirer de plus en plus de matière par attraction gravitationnelle, en revanche, comme Weizsäcker le

1. Cf. C.F. von Weizsäcker, « Die Entstehung des Planetensystems », *Die Naturwissenschaften*, n° 33, 1946, p. 8-14. Cf. également « Zur Kosmogonie », *Zeitschrift für Astrophysik*, n° 24, 1948.

reconnaît lui-même, les collisions entre particules provoquent plutôt leur volatilisation ! Il est regrettable que l'amorce du processus de formation des globules soit aussi peu certaine, d'autant plus que, durant l'intervalle de temps nécessaire à la croissance desdits globules, les tourbillons doivent conserver une certaine stabilité, aussi bien pour permettre cette croissance que pour maintenir leur propre éloignement du Soleil. Or, Weizsäcker l'admet volontiers, « l'affirmation de la stabilité respective du système de tourbillons est, de loin, la partie la plus incertaine de la théorie[1] ». C'est bien sur ce point que les critiques seront les plus vives, et d'une façon générale sur le problème de la turbulence, car qui dit turbulence dit désordre, or dans la nébuleuse de Weizsäcker, au contraire, la turbulence crée l'ordre !

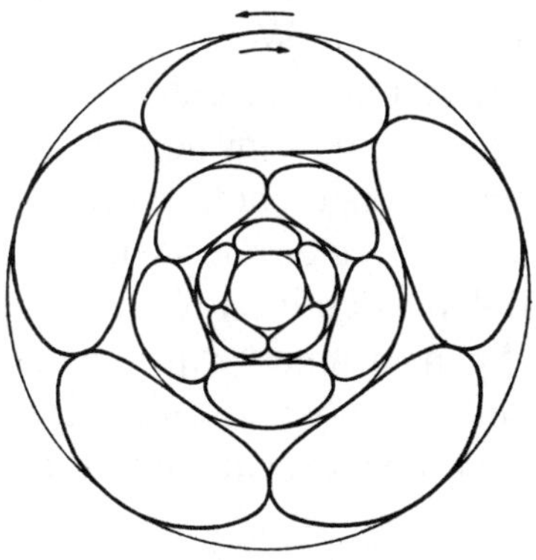

Figure 13

Figure 14

1. « Die Entstehung des Planetensystems », art. cité, p. 14.

2. Kuiper

Ter Haar montrera en 1949[1] qu'effectivement, en raison de la turbulence, un système de tourbillons tel que Weizsäcker l'avait imaginé dans ses premiers travaux ne pouvait pas subsister assez longtemps pour générer les proto-planètes – conclusion à laquelle Weizsäcker lui-même était arrivé en 1948. F. Nölke[2], dans un article paru après sa mort[3], montre également que la théorie de Weizsäcker laisse inexpliqués des traits caractéristiques de notre système solaire, en particulier... la répartition du moment angulaire. Pour lui, non seulement le type de turbulence envisagé par Weizsäcker est incapable de transférer du moment angulaire du centre du système à la périphérie, mais il ne permet pas la formation de zones de tourbillons.

En tout cas, en ces années d'après guerre, les travaux des cosmogonistes se focalisent sur la théorie de Weizsäcker et, si les astronomes s'accordent sur le retour à une théorie nébulaire et s'ils en scrutent les points particuliers, ils sont nombreux à penser que le temps d'une cosmogonie cohérente, qui intègre tous les faits connus, alors que le fantastique développement de l'astrophysique pose autant de problèmes qu'il en résout, n'est pas encore venu. Sentiment que H. Spencer Jones[4] exprime dans un article populaire de mise au point : « Il n'y a jusqu'à présent aucune théorie qui puisse expliquer toutes les caractéristiques du système [solaire]. »

L'examen dans le détail de la théorie de Weizsäcker débouchera parfois sur des opinions radicalement différentes. Ce sera le cas en particulier du problème, important et délicat, de

1. *Studies on the Origin of the Solar System*, Assen, van Gorcum et Comp.

2. Friedrich Nölke, astronome allemand (1877-1947).

3. « Zu C.F. von Weizsäcker Hypothese über die Entstehung des Planetensystems », *Zeitschrift für Astrophysik*, n° 25, 1948.

4. Sir Harold Spencer Jones (1890-1960), astronome anglais.

l'ampleur et du rôle de la turbulence dans le disque nébulaire. Pour Chandrasekhar[1] et Ter Haar, les travaux que Kolmogoroff[2] avait menés, indépendamment de ceux de Weizsäcker, sur le spectre d'énergie des tourbillons ne mettaient pas en cause l'accord entre la relation de Titius-Bode et cette cosmogonie. Ce n'est pas l'avis de Kuiper, qui affirme : « Il est maintenant établi que le spectre d'énergie de Kolmogoroff s'applique à la nébuleuse solaire, et il nous faut trouver autre chose pour rendre compte de la loi de Bode[3]. »

C'est d'ailleurs Kuiper qui, dans les années 1950, apportera par ses travaux, même s'ils sont d'ampleur et de rigueur inégales, la contribution la plus riche et la plus décisive à la cosmogonie du système solaire. Outre ce problème des distances des planètes au Soleil, il a signalé trois autres points faibles de la cosmogonie de Weizsäcker : les processus d'accrétion des particules de poussière aux globules proto-planétaires, la durée de vie des grands tourbillons, la relation entre la contraction du Soleil, d'une part, et la formation et l'évolution du disque nébulaire associé au Soleil, d'autre part. Ce dernier point est le plus délicat puisqu'il touche à la répartition du moment angulaire entre le Soleil et le reste du système, or ce n'est pas celui qu'il abordera avec le plus de bonheur et ses réponses se révéleront faibles et fragiles.

Kuiper conserve les tourbillons et la turbulence introduits par Weizsäcker dans la nébuleuse, mais il ajoute des effets de marées et étudie les conditions de stabilité. En effet, pour lui, les étoiles doubles sont si nombreuses dans le ciel que le processus de formation des systèmes planétaires ne peut être qu'un

1. Subrahmanyan Chandrasekhar (1910-1995), astronome américain d'origine indienne.

2. Andreï Kolmogoroff (1903-1987), important mathématicien russe dont les travaux sur la théorie des probabilités ont été appliqués à l'étude de nombreux phénomènes d'agitation désordonnée.

3. Cf. G.P. Kuiper, « On the Origin of the Solar System », *in* J.A. Hynek (ed.), *Astrophysics : A Topical Symposium*, New York, McGraw-Hill, 1951, p. 374.

cas particulier de celui de la formation des systèmes d'étoiles doubles. Ce qui a pour conséquence immédiate et évidente l'existence d'un nombre impressionnant de systèmes planétaires dans notre galaxie : de l'ordre du milliard. Nous sommes loin de la quasi-unicité de Jeans. Kuiper fait appel non à une catastrophe entre deux étoiles mais à la transformation tranquille d'une nébuleuse en deux étoiles ou en une étoile et un système planétaire. La genèse d'un système planétaire autour d'une étoile est 100 millions de fois plus probable que la collision entre deux étoiles. Ce sont les conditions de densité à l'intérieur de la nébuleuse primitive, elles-mêmes liées à la turbulence, qui déterminent l'évolution vers un système d'étoile double ou vers un système d'étoile unique entourée d'un cortège de planètes.

Au-dessus d'une densité critique un système binaire se développe, tandis qu'en dessous il y a formation d'un certain nombre de petites condensations, une nébuleuse soumise à ces dernières conditions se brisant, sous l'effet de la gravité du noyau central, en autant de parties qu'il y aura de planètes. La distribution de la densité à l'intérieur de la nébuleuse peut suivre des lois très variées conduisant à plusieurs types de systèmes planétaires et Kuiper fait fort justement remarquer que ce que l'on appelle souvent la « loi de Titius-Bode » n'est pas véritablement une loi, mais le simple reflet de la distribution initiale de la densité dans la nébuleuse solaire. Il y aura donc autant de relations que de systèmes planétaires.

La théorie de Kuiper redonne une importance déterminante aux marées solaires. Dans un premier temps, l'effet des marées a dû provoquer une synchronisation entre les périodes de révolution et de rotation de chaque planète, synchronisation détruite par suite de la contraction des corps planétaires. Ainsi explique-t-il les anomalies de répartition de moment angulaire pour chaque planète non seulement par des effets de marées mais aussi par des éjections de gaz de la surface des planètes vers la périphérie du système, mais il ne règle pas le problème irritant de la rotation très lente du Soleil. Comme

Ter Haar le dit dans sa critique des théories de Kuiper : « dans ce cas, on tombe encore sur le problème frustrant de la lente révolution du Soleil ». Lui non plus ne réglera pas le problème, l'esquivant par la supposition que le Soleil était déjà formé au centre du disque nébulaire[1].

3. Schmidt

Mais le cas le plus exemplaire de cette esquive est celui de la cosmogonie de l'astronome soviétique O. Schmidt. D'autant plus exemplaire que le petit livre de vulgarisation, fort bien fait par ailleurs, dans lequel Schmidt présente sa cosmogonie prétend dès son introduction expliquer toutes les caractéristiques du système solaire, montrant ainsi que la science ne saurait réellement progresser que dans le cadre du matérialisme dialectique. Évoquant très justement la faiblesse des travaux cosmogoniques des successeurs de Laplace, Schmidt écrit :

> On ne peut expliquer uniquement par le véritable monopole qu'avait pris l'hypothèse de Laplace le fait que la cosmogonie est restée stationnaire au XIXe siècle. Le déclin de cette science s'explique par sa position particulière dans la lutte entre la science et la religion. La ligne matérialiste avait cessé de se développer. On vit apparaître des hypothèses, comme celle de l'académicien français Faye, catholique fervent, qui s'efforça de brosser un tableau pseudo-scientifique de la formation du système solaire, en accord fidèle avec la légende biblique[2].

Que Faye ait été un catholique fervent, c'est plus que probable, que sa cosmogonie soit faible, c'est évident, mais que cette cosmogonie se donne pour objectif de concilier la science et le récit de la Genèse, certainement pas.

1. Cf. p. 194, n. 1.
2. Cf. O. Schmidt, *Quatre Leçons sur la théorie de l'origine de la Terre*, Moscou, Éditions en langues étrangères, 1959, p. 14.

Pour Faye, la Genèse est à la fois la plus ancienne tradition religieuse et le plus ancien monument de la science primitive. Mais, si les plus hautes vérités religieuses ont été communiquées au monde par l'intermédiaire d'hommes inspirés, cette inspiration n'a jamais porté sur les questions d'ordre scientifique ; en effet, si Dieu avait révélé la vérité scientifique sur un point quelconque, personne ne l'aurait comprise.

On peut même se demander si Schmidt a seulement lu l'introduction de l'ouvrage de Faye, introduction dans laquelle, aussi faible théologien que faible cosmogoniste, il pose justement le problème de la science et de l'idée de Dieu. À lire cette introduction, on découvre que, pour lui, la religion n'a pas besoin de l'appui de la science, la foi du charbonnier est bien suffisante !

> En fait de cosmogonie, il est difficile de ne pas heurter des sentiments éminemment respectables. J'aurai beau dire que la cosmogonie de Laplace, une de celles dont je vais faire la critique et que je m'efforcerai de remplacer, est acceptée par les théologiens instruits et qu'elle était exposée naguère au Collège Romain par les Jésuites (cf. *Le Soleil* du Père Secchi, p. 332), on n'en trouvera pas moins bien étrange que la science moderne fasse reculer l'intervention divine jusqu'aux dernières limites, jusqu'au chaos, et que l'on n'y ait recours que là où l'on ne peut plus faire autrement. Tel est en effet l'esprit de la science : je dirai même, tels sont sa raison d'être et son droit. Il appartient au philosophe de montrer comment cette tendance scientifique se concilie avec la notion supérieure de la Providence. Une chose plus grave, ce serait la crainte de voir sombrer, sous l'échafaudage hardi de nos tentatives cosmogoniques, la vieille tentation de l'existence de Dieu tirée des merveilles du ciel : *coeli enarrant gloriam Dei.*
> Les cieux en effet n'existent pas : c'est une conception depuis longtemps ruinée de l'astronomie grecque. Le ciel lui-même, le firmament, n'existe pas : c'est un effet d'optique aérienne. Les astres, le beau soleil, les étoiles brillantes ne sont que de la matière condensée et devenue incandescente comme le fer

qu'on frapperait à coups redoublés. L'ordre admirable de la création ne se retrouve guère dans l'univers qu'on va vous présenter, ou du moins il n'est pas saisissable dans cette immensité où se perd la pensée humaine, et celui qu'on remarque dans notre petit monde solaire résulte simplement des lois ordinaires de la mécanique et des conditions où s'est trouvée, à l'origine, la nébuleuse d'où il est sorti.
Cependant l'argument subsiste : il subsistera tant qu'il y aura un homme pour contempler le ciel, mais il ne tient pas à l'idée plus ou moins exacte que l'on se fait de cet univers. Nous allons parcourir tous les systèmes cosmogoniques : vous verrez qu'aucun d'eux, à l'exception de celui de Lucrèce qui est absurde, n'ajoute ni n'enlève un iota à la force de l'argument. Ce qui nous frappe lorsque nous levons les yeux au ciel, ce qui nous arrache un moment au cercle des préoccupations matérielles, ce qui éveille en nous la pensée avec l'admiration, c'est la douce clarté du jour, c'est ce soleil radieux qui nous mesure sa lumière et sa chaleur en animant la nature entière, ce sont ces étoiles qui ponctuent si gracieusement de leurs feux la voûte du ciel et font succéder, à l'excitation du jour, le calme et la sérénité de la nuit. Nous admirons les mouvements réguliers des astres, leurs retours qui ne manquent jamais : c'est là pour nous la première des conditions de notre existence, car notre vie matérielle ne tient qu'à un fil dont le bout est là-haut. Et, pour sentir cette vivifiante poésie, il n'est pas besoin de science. Peu importe les rouages et les mystérieux ressorts de ce vaste univers. L'impression immédiate et la réaction intellectuelle qui s'ensuit sont les mêmes chez le savant et chez l'ignorant, aujourd'hui comme il y a dix mille ans. Cette impression, toute vague qu'elle paraisse quand j'essaye lourdement de l'analyser, suffit. [...] Il est faux que la science ait jamais abouti d'elle-même à cette négation. Celle-ci se produit à certaines époques de lutte contre les institutions du passé. Ainsi l'on rencontre quelques philosophes athées à la chute de l'antique société gréco-romaine, à la fin du XVIIIe siècle, aujourd'hui encore peut-être, parce qu'il est dans le génie de la lutte de chercher à briser une arme dans la main des adversaires. Que la lutte

> cesse, et bientôt les esprits reviennent aux vérités éternelles, tout étonnés, au fond, de les avoir combattues si longtemps. Un des plus admirables retours de ce genre, c'est le vote par lequel la Convention a déclaré, le 7 mai 1794, que la nation française reconnaît l'existence de l'Être suprême.
> Voilà ce que j'avais à dire de Dieu dont il appartient à la science d'examiner les œuvres[1].

Mais revenons à la cosmogonie de Schmidt. L'amorce en est prometteuse. Pour résoudre un problème, il suffit souvent de bien le poser. Position et solution dépendent elles-mêmes de la méthodologie appliquée. Suivons donc celle de O. Schmidt. C'est la pratique qui est le principal critère de la vérité, mais en astronomie ce critère est inapplicable sous sa forme directe : il est difficile, quelle que soit la théorie élaborée, de produire un nouveau système solaire ! Il faudra se contenter de la coïncidence des déductions théoriques et des faits que fournit la pratique astronomique, c'est-à-dire l'observation. Pour Schmidt, « une théorie, prétendant être juste dans l'essentiel, doit expliquer tous les aspects principaux du phénomène à partir d'une seule hypothèse fondamentale. L'élaboration détaillée et obligatoirement mathématique d'une hypothèse en fait une théorie, et la pratique dans le sens indiqué ci-dessus sera le critère de sa véracité[2] ».

L'entreprise a ses limites : puisque les phénomènes observés à ce jour ne sont pas tous explicables par la formation et par les premiers âges du système solaire, c'est aux propriétés principales du système qu'il faudra donner une explication et l'objectif sera d'élucider l'origine du système planétaire, de la Terre et des autres planètes ; puis il faudra voir si l'hypothèse choisie rend bien également compte de l'origine des autres corps du système solaire : astéroïdes, météorites, comètes et… Soleil lui-même.

---

1. H. Faye, *Sur l'origine du monde*, édition de 1896, *op. cit.*, p. 1-4.
2. O. Schmidt, *Quatre Leçons sur la théorie de l'origine de la Terre*, *op. cit.*, p. 18.

Tout est à faire puisque, pour Schmidt, les défauts de l'hypothèse de Kant-Laplace ont obligé les cosmogonistes à y renoncer « pour longtemps » et que les suppositions nouvelles, portant de plus en plus le sceau de l'agnosticisme et du subjectivisme, sont mal fondées et prématurées, donc destinées à disparaître rapidement. Pourtant, l'apparition d'hypothèses nouvelles est normale – suit l'indispensable citation d'Engels qui, généralisant les enseignements de l'histoire des sciences de la nature, en a fort justement déduit : « c'est l'hypothèse qui est la forme de développement de la science de la nature et de la pensée naturaliste[1] ». Mais il y a hypothèse et hypothèse. Une hypothèse vraiment scientifique et progressiste s'appuie sur tout l'ensemble des faits connus et rend possibles la prédiction et la découverte de faits nouveaux. Or bien des hypothèses modernes sont fondées sur des données fortuites expliquées par des intuitions qui reposent sur des motifs subjectifs. L'hypothèse de Jeans est particulièrement visée : « La cause de sa popularité ne réside pas dans ses qualités scientifiques (elle n'en a pas), ni dans le talent incontestable de son auteur, mais dans le fait qu'elle convenait parfaitement aux conceptions religieuses et idéalistes prépondérantes en société bourgeoise. »

Voyons donc l'ensemble des faits sur lesquels s'appuie l'hypothèse de Schmidt. Il reprend la classification présentée par Ter Haar en 1948 et qui est fondée sur quatre groupes de faits observés.

Groupe A : les lois des orbites. Les orbites planétaires sont quasi circulaires, elles se trouvent dans un même plan et leur rotation a lieu dans le même sens ; la rotation du Soleil se produit dans la même direction et le plan de son équateur coïncide presque avec le plan des orbites.

Groupe B : les lois des distances planétaires. Les planètes ne sont pas réparties au hasard, leurs distances au Soleil obéissent à des lois qui ont été empiriquement formulées au début du siècle passé, mais qui n'ont pas été expliquées jusqu'à ces tout derniers temps.

1. *Ibid.*, p. 14.

Groupe C : le partage des planètes en deux groupes nettement distincts. Mercure, Vénus, la Terre et Mars sont d'une dimension relativement modeste mais de densité assez élevée, leur rotation autour de leur axe est lente, leurs satellites sont peu nombreux ; Jupiter, Saturne, Uranus et Neptune sont grands, d'une densité moins élevée, possèdent une grande vitesse de rotation et de nombreux satellites ; Pluton, récemment découvert, n'entre pas dans ces groupes, il est situé sur le pourtour du système et peut sortir du cadre de ces lois.

Groupe D : la distribution du moment angulaire. Alors que le Soleil englobe plus de 99 % de toute la masse du système solaire, il représente moins de 2 % du moment angulaire, les autres 98 % appartiennent aux planètes.

Et Schmidt d'ajouter :

> Ter Haar donne l'analyse des théories existantes, en particulier des plus récentes, et il en conclut que les meilleures d'entre elles n'expliquent que de 1 à 21/2 de ces quatre groupes de faits fondamentaux ; pas une n'en explique même trois. Comme le montreront les leçons suivantes, notre théorie explique d'une façon simple et naturelle les principaux faits des quatre groupes. L'analyse comparative des hypothèses anciennes et modernes montre qu'elles se bornaient toutes à essayer d'expliquer les groupes A, B et C, mais n'expliquaient pas le groupe D, c'est-à-dire la distribution singulière du moment de la quantité de mouvement[1].

Tous les espoirs sont permis : une seule hypothèse, objective, non fortuite, bien fondée, et en découlera l'explication de tous les faits principaux du système solaire, groupe D et formation du Soleil lui-même.

Nous allons vite déchanter. Bien sûr, à première vue, le plus simple semblerait être de supposer que le Soleil et les planètes sont apparus simultanément à partir de la matière nébuleuse, Schmidt l'admet volontiers, mais cette supposition se heurte,

1. *Ibid.*, p. 20.

étant donné l'état des connaissances du moment, à des difficultés insurmontables. Or l'origine de la Terre est l'un des problèmes scientifiques les plus importants : « l'intérêt général qu'il suscite est l'une des manifestations les plus brillantes de l'épanouissement de la culture au pays des Soviets ». Et Schmidt ajoute :

> notre peuple est en droit d'exiger de ses savants la solution rapide du problème de l'origine de la terre, une des questions fondamentales des sciences de la nature qui acquiert du point de vue du matérialisme dialectique, notre conception scientifique du monde, une importance tout à fait exceptionnelle[1].

Le peuple soviétique était surtout, à l'époque, en droit d'exiger un peu plus de démocratie !

Il ne serait donc pas juste de reporter la solution des problèmes de la cosmogonie planétaire à plus tard. L'esquive alors sera simple… c'est toujours la même : un Soleil existant a capturé une nébuleuse en promenade dans l'univers. Il aurait mieux valu, plutôt que d'introduire une hypothèse *ad hoc*, agir comme Laplace et décrire simplement de nouveau, nos connaissances ayant progressé depuis, les processus de développement à partir d'un instant $T_0 + h$, gardant la phase de T_0 à $T_0 + h$ pour des jours meilleurs ! Il était vraiment inutile de critiquer Jeans : au moins celui-ci, en introduisant un événement aussi peu probable que la rencontre de deux étoiles, visait-il à sauvegarder la rareté de notre système solaire. Ce qui n'est certes pas le but de Schmidt, lui qui affirme, fort justement d'ailleurs : « c'est dans la nature même de la matière de produire par son évolution des systèmes de planètes sur lesquels la naissance de la vie devient ensuite possible » et « le nombre de ces systèmes dans l'univers entier est infini et cette infinité est conforme aux lois naturelles »[2]. Malheureusement, la rencontre d'une étoile et d'une nébuleuse n'est pas moins arbitraire, et en tout cas pas plus probable, que celle de deux étoiles. Les affirmations

1. *Ibid.*, p. 5.
2. *Ibid.*, p. 28.

mentionnées ci-dessus perdent singulièrement de leur évidence et de leur mordant dans le cadre de cette théorie benoîtement catastrophiste ou clandestinement dualiste, comme l'on préférera.

Schmidt choisit son camp en toute conscience[1] :

> Toutes les hypothèses et théories des cosmogonistes peuvent être divisées en trois classes d'après la source où elles vont puiser la matière qui servit à édifier les planètes. Selon ce principe, on peut faire entrer dans une même classe les théories suivant lesquelles le Soleil et les planètes surgissent à peu près simultanément d'une même masse commune ayant reçu dans l'histoire le nom un peu vague de « nébulosité ». Ce sont la théorie de Kant-Laplace et un grand nombre d'autres vieilles hypothèses dont je ne dirai rien et, parmi les nouvelles, celles de Weizsäcker, de Kuiper et de Urey, la première et la troisième (la plus récente) hypothèses de V. Fessenkov et d'autres encore. Le deuxième groupe comprend les hypothèses dans lesquelles, d'une manière ou d'une autre, la matière primitive des planètes s'est trouvée séparée du soleil déjà existant. Il faut y rattacher, parmi les anciennes hypothèses, la théorie de Leibniz sur l'expulsion de matière par le soleil au cours d'une éruption volcanique ; celle de Buffon supposant une collision entre le soleil et une comète qui lui arracha un lambeau de matière ; enfin quelques autres théories bien connues faisant intervenir les forces de marées et auxquelles se rapportent les hypothèses émises au début de notre siècle par Moulton, Chamberlin, Jeans, Jeffreys. L'hypothèse rotationnelle de V. Fessenkov se rattache également à ce groupe. Enfin, pour un troisième groupe d'hypothèses, la matière planétaire a été puisée dans la matière interstellaire, après la formation du soleil, sous l'action d'un phénomène quelconque. Telles sont, entre autres, l'hypothèse de See, la théorie d'Alfvén, ma propre théorie et l'hypothèse d'Edgeworth[2].

1. O. Schmidt, *Quatre Leçons sur la théorie de l'origine de la Terre*, *op. cit.*, p. 85-86.

2. Kenneth Edgeworth (1880-1972), astronome irlandais qui avança en 1949 (soit deux ans avant Kuiper) l'idée d'une ceinture de petits corps circulant autour du Soleil au-delà de Neptune.

Schmidt se console en précisant que sa théorie fait un large usage de la conservation du moment de quantité de mouvement et de sa distribution : c'est même là qu'il a trouvé la clé de l'explication du « groupe B », celui des lois régissant les distances planétaires, ce en quoi il n'est ni le premier ni le dernier. De plus, sa théorie ne se contente pas de comprendre la genèse des planètes, elle explique également celle des astéroïdes, des comètes et des météorites. Tous les corps du système solaire se sont constitués en présence du Soleil déjà existant, qui, loin d'être un « contemplateur passif », a participé activement et a même été la cause principale de leur formation : c'est lui qui a formé les planètes avec toutes leurs particularités, en agissant par l'intermédiaire de la gravitation, des rayonnements thermique et lumineux et de la pression de radiation.

La formation du système planétaire est examinée avec en arrière-fond le tourbillon grandiose de l'évolution de la matière cosmique. Si l'on tient compte du fait que notre système solaire n'est pas isolé mais entouré de la galaxie, la difficulté soulevée par la quantité de mouvement tombe d'elle-même, car le Soleil a pu lui arracher une matière animée d'un moment suffisant. Schmidt pense que les planètes se sont formées à un stade assez tardif du développement de la matière, lorsque les galaxies existaient déjà.

Ainsi posé, le problème de la cosmogonie planétaire se partage en trois parties : il faut rechercher d'où provient et comment est apparue autour du Soleil la matière qui servit ensuite à la formation des planètes ; définir l'état de cette matière antérieure à la formation des planètes et déduire de cet état et des lois naturelles toutes les propriétés fondamentales du système planétaire (c'est-à-dire donner l'explication causale de ces propriétés) ; enfin, déduire de ces propriétés et de ces processus les conséquences géo-physiques, géo-chimiques et géologiques qui en découlent.

La deuxième de ces trois étapes est la plus fondamentale d'une cosmogonie planétaire, elle en est le problème central. Le Soleil, donc, croise et capture une nébuleuse de gaz et de particules (assez semblable à celle de Kant) ayant une masse suffisante et une certaine quantité de mouvement, dont le moteur de l'évolution sera la perte progressive d'une partie de l'énergie par suite des chocs. Une évolution naturelle et même inéluctable dont Schmidt résume les grandes étapes. D'abord, les chocs entraînent une diminution des vitesses relatives des particules, en conséquence de quoi le système s'aplatit et par là même se condense, ce qui augmente la fréquence des chocs. Après avoir atteint une certaine valeur de densité critique, le système ne peut maintenir son état initial ; sous l'influence des forces de gravitation, une formation intense de noyaux de condensation commence à se produire. Ensuite, ces condensations affectent une forme aplatie, leur masse est de l'ordre de celles des astéroïdes qui circulent encore entre Mars et Jupiter. Enfin, à leur tour, ces condensations sont forcées de se heurter, étant donné la petitesse du libre parcours, et de s'agglomérer en un nombre réduit de corps plus volumineux : les planètes.

Rien là de très original. Mais cet exposé, où Schmidt examine, critique, précise et développe les travaux de tous ses prédécesseurs, a le mérite de la clarté – on y retrouve toutes les qualités pédagogiques de ce mathématicien. Toutefois, rejeter Jeans sur des bases idéologiques et au prétexte de l'absence totale de « qualités scientifiques » de sa cosmogonie... pour se retrouver, quelques pages plus bas, en compagnie de T.J.J. See, et d'autres idéalistes, est un étrange parcours. Aucune idéologie n'est pertinente quant à la validité d'une théorie scientifique, elles ne sont que des ventres mous qui finissent par accepter les découvertes qui les hérissent le plus, quand elles n'en font pas leur pâture !

XI. Cosmogonie et formation des étoiles

Pourtant, il devenait évident qu'il était impossible de continuer à esquiver le problème de cette façon et qu'il fallait bien revoir de quelle manière le Soleil et les planètes avaient pu surgir d'une même masse nébulaire. En effet, le problème de la répartition du moment angulaire dans le système solaire rejoignait un autre problème, purement stellaire celui-là : celui de la rotation relativement lente de certaines catégories d'étoiles.

La spectroscopie avait apporté à la connaissance du monde des étoiles plus que ne l'espéraient les plus optimistes. Elle avait permis de déterminer non seulement leur composition chimique, mais aussi leur distance, leur vitesse de rotation et leur température. Dès les années 1930, les astrophysiciens étaient en mesure d'imaginer des histoires de leur évolution. Pour estimer la température des étoiles, les astronomes, dans un premier temps, ne s'y étaient pas pris autrement que les forgerons pour estimer celle d'un fer à cheval : ils avaient observé leur couleur – la couleur d'une étoile est liée à sa température de surface. La classification par le père Secchi[1], vers 1860, des étoiles en quatre classes est fondée sur ce fait, et aussi sur la présence de certaines raies ou de certaines bandes dans leurs spectres. Dans la première classe se rangent les étoiles les plus chaudes, les blanches et les bleues (avec les raies caractéristiques

1. Angelo Secchi (1818-1878), astronome italien, directeur de l'Observatoire du Collège romain, fondateur de la spectroscopie stellaire.

de l'hydrogène) ; dans la deuxième, les jaunes, comme notre Soleil ; dans la troisième, les orangées et les rouges (avec des raies métalliques et des bandes d'hydrocarbures) ; dans la dernière, les rouge rubis, faibles (avec des bandes dues au carbone mais sans raies métalliques). Puis vint le *Henry Draper Catalogue* avec ses 250 000 spectres stellaires sur lesquels travaillèrent les astronomes de Harvard, et qui déboucha sur une classification universellement adoptée. Presque toutes les étoiles se répartissent désormais selon six classes, dites B, A, F, G, K, M. Les rares réfractaires forment quatre classes relativement peu peuplées : O, R, N, S. La température des étoiles décroît régulièrement d'une classe à l'autre selon l'ordre suivant :

R – N
O – B – A – F – G – K – M
S

Une telle classification ne serait pas intéressante si elle n'était pas l'indicatrice de l'évolution des étoiles. On doit la clé de ce problème important à deux astronomes : le Danois Hertzsprung[1] et l'Américain Russell. Vers 1910, Hertzsprung note que la magnitude d'une étoile est une notion relative qui fait intervenir, certes, sa luminosité, mais aussi sa distance à la Terre et qu'il faut introduire la notion de magnitude absolue, qu'il définit comme la magnitude qu'aurait cette même étoile si elle était à la distance standard de 10 parsecs de la Terre. Étudiant de ce point de vue les étoiles dont la distance est connue, Hertzsprung remarque que dans les classes B et A les magnitudes absolues sont toutes assez fortes, mais qu'en revanche dans les classes K et M il faut distinguer entre des étoiles à magnitude absolue assez forte et des étoiles à magnitude très faible. D'où, d'abord, la constatation de certains liens entre les magnitudes absolues et les classes d'étoiles, puis l'idée que, si les classes A et B sont relativement homogènes, les classes K et M doivent comprendre des individus de deux

1. Ejnar Hertzsprung (1873-1967), astronome.

espèces distinctes, que Hertzsprung qualifie de « géantes » et de « naines », sans y attacher la notion de taille.

Russell reprit ce travail sur plus de trois cents étoiles et confirma les résultats de Hertzsprung : ainsi, Antarès est une géante de classe M, près de 1 900 fois plus lumineuse que le Soleil. Si l'on porte en abscisse les classes d'étoiles et en ordonnée les magnitudes absolues, les étoiles n'occuperont pas tout l'espace, mais se répartiront dans quelques zones privilégiées. Le diagramme ainsi obtenu, dit de « Hertzsprung-Russell » (fig. 15), a été un outil extrêmement puissant pour la compréhension de l'évolution des étoiles.

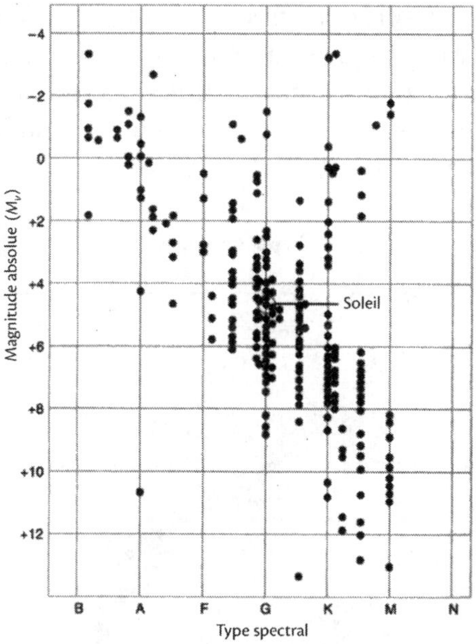

Figure 15

Trois grandeurs essentielles caractérisent une étoile : sa masse, sa luminosité et son rayon. À la luminosité et au rayon, les astronomes substituent deux grandeurs plus facilement mesurables : la puissance rayonnée dans le visible et une grandeur liée à la fois au rayon et à la luminosité, l'indice de couleur, qui exprime le rapport des intensités dans le bleu et dans le jaune. La masse des étoiles ne peut être obtenue directement que par l'étude des étoiles doubles : c'est la loi de la gravitation qui permet alors de peser les étoiles. En tout cas, à partir de la puissance rayonnée dans le visible, exprimée dans une échelle logarithmique (la magnitude visuelle absolue), et de l'indice de couleur, on peut construire un nouveau diagramme, qui n'est qu'un perfectionnement du diagramme de Hertzsprung-Russell mais qui permet de situer dans cet espace les différentes étapes de la vie des étoiles. Finalement, c'est la masse des étoiles qui détermine leur vie, et il y a une relation étroite entre la masse et la luminosité : une étoile consume d'autant plus vite ses réserves d'énergie, et donc évolue d'autant plus rapidement, que sa masse est plus grande. L'étude d'amas d'étoiles de même âge permet de suivre l'évolution stellaire, et une étoile est d'autant plus loin sur le diagramme qu'elle était plus massive au départ (fig. 16).

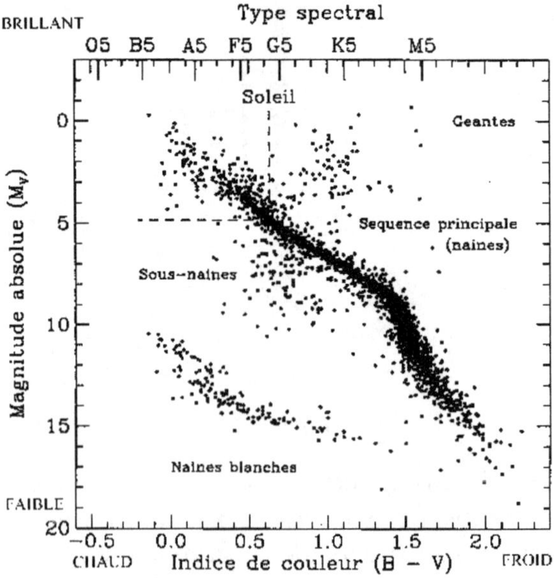

Figure 16

Notre Soleil, qui est une naine jaune, au stade actuel de sa vie tire son énergie de la fusion de l'hydrogène en hélium. La transformation de 1 gramme d'hydrogène en hélium dégage 600 milliards de joules ! Le Soleil brûle depuis 5 milliards d'années et il lui reste à peu près autant d'années à rayonner avant d'aller terminer sa vie dans le cimetière des naines blanches. Autre chance pour les cosmogonistes, il existe des amas très jeunes qui leur permettent de voir le Soleil dans sa prime jeunesse : à l'époque où il donnait naissance au système solaire. Ainsi, on connaît un amas jeune de 2 millions d'années, on y observe des étoiles orangées et rouges qui ont des rayons plus grands que le rayon habituel de ce type de naines ; il est donc raisonnable de supposer qu'elles sont toujours en voie de contraction et qu'elles glissent vers la séquence des naines. Or, fait intéressant, ces étoiles tournent relativement vite sur elles-mêmes. Cette vitesse devrait augmenter au fur et à mesure qu'elles se contractent et atteindre son maximum lorsqu'elles sont devenues naines, mais, surprise, si les étoiles bleues et les étoiles blanches tournent effectivement très vite, la plus grande partie des étoiles jaunes, orangées et rouges tournent lentement sur elles-mêmes. Nous retrouvons-là le problème de la faible vitesse de rotation du Soleil.

Il faut donc que, pour les étoiles de ce type, un mécanisme de freinage intervienne durant les dernières étapes de leur formation : formation des étoiles et formation des systèmes planétaires ne peuvent pas être dissociées, non plus que freinage des étoiles de type solaire et excès de moment angulaire à la périphérie du système des planètes auquel nous appartenons. Outre qu'elle conforte les tenants d'une banalisation de l'existence de systèmes planétaires dans l'univers contre ceux qui veulent que notre système soit sinon unique du moins rarissime, cette constatation suggère d'emblée que du moment angulaire est transporté du noyau à la périphérie par des éjections de matière. Que de telles éjections se produisent est confirmé par l'observation des amas jeunes mentionnés ci-dessus. De nombreuses étoiles y sont le siège d'éruptions violentes, accompagnées de rayonnement radioélectrique. Que ces éruptions entraînent un ralentissement de la rotation des étoiles est probable, mais qu'elles transfèrent le moment angulaire de l'étoile aux planètes est moins certain. La matière éjectée peut tout aussi bien s'évader du système et se perdre dans l'univers pour contribuer ailleurs à la formation de nouvelles étoiles. D'autant plus que la masse actuelle des planètes ne représente que le millième de la masse solaire, alors que, même si les estimations des cosmogonistes divergent fortement, tous s'accordent à penser que la masse initiale de la nébuleuse qui a donné naissance au Soleil et à son cortège de planètes était supérieure à la masse actuelle du Soleil.

Variante de cette hypothèse, celle proposée avant la guerre par Lorenz[1], qui suppose que le proto-Soleil était dès le début de sa contraction beaucoup plus dense au centre qu'à la surface, ce qui entraîne un moment angulaire plus faible que dans le cas d'une densité homogène. En outre, les planètes ne sont plus abandonnées par la contraction du proto-Soleil mais expulsées. Autre supposition dynamique : pour Weizsäcker et Ter Haar, la turbulence est seule responsable du transfert du moment angulaire.

Mais toutes ces hypothèses se sont révélées soit incapables d'un tel transfert, soit insuffisantes. Ainsi, pour celle de Lorenz, les travaux de Lyttleton, déjà mentionnés, montrent que les corps éjectés d'une étoile en rotation ne peuvent avoir que des orbites hyperboliques ; de plus, il n'est pas évident que les masses éjectées soient suffisantes pour se condenser en planètes. Du moins abordait-on enfin de front le problème de la répartition du moment angulaire et donc celui de la formation simultanée du Soleil et des planètes.

1. Edward Lorenz, météorologue et physicien américain (1917-2008).

Alfvén, Hoyle et Urey

Autre phénomène physique évoqué pour transférer du moment angulaire : l'action d'un champ magnétique. C'est le parti qu'adopte F. Hoyle[1]. Évolutionniste conséquent, il relie la formation des planètes à celle du Soleil lui-même, le point de départ étant un nuage de gaz dans lequel règne un champ magnétique. Le début du processus est très laplacien : le nuage se contracte sous l'effet de la gravitation et, tournant de plus en plus vite, prend l'aspect d'un ellipsoïde aplati. C'est lorsque le diamètre équatorial atteint la dimension de l'orbite de Mercure que du gaz commence à quitter les régions équatoriales pour former un disque qui continue de croître tandis que la partie centrale se contracte pour donner le Soleil. À ce moment intervient le mécanisme de transfert du moment angulaire entre le proto-Soleil et le bord du disque. Les lignes de force magnétique issues du Soleil dans le plan du disque (fig. 17, p. 214) se comportent dans le gaz ionisé comme des cordes élastiques[2]. Le Soleil en contraction tournant plus vite que le disque périphérique, les lignes de force se tordent et tendent à ralentir la rotation du Soleil et à accélérer celle du disque, transférant donc du moment angulaire du centre à la périphérie.

L'intervention d'un champ magnétique n'est pas une idée originale de Fred Hoyle, elle date des années 1920 et a été introduite par H. Alfvén[3]. L'idée essentielle d'Alfvén, qui est

1. Fred Hoyle (1915-2001), astronome anglais à qui l'on doit de nombreuses idées cosmologiques, dont celle de l'état stationnaire de l'univers.

2. Cf. « On the Origin of the Solar Nebula », *The Quarterly Journal of the Royal Astronomical Society*, vol. 1, n° 1, septembre 1960, p. 28-55.

3. Hannes Alfvén, né en 1908, physicien suédois, prix Nobel de 1970, dont la théorie des queues cométaires faisait déjà intervenir le champ magnétique.

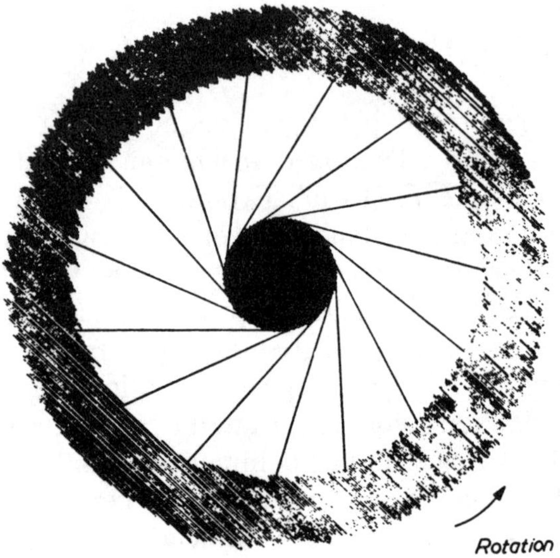

Figure 17

partisan d'une cosmogonie catastrophiste, est de combiner l'action d'un champ magnétique et celle de l'attraction gravitationnelle du Soleil sur le mouvement des ions. Le Soleil, déjà formé, traverse un nuage de gaz et capte de la matière nébulaire. Au cours de leur chute vers le Soleil, les particules sont stoppées par le champ magnétique lorsque l'énergie cinétique de cette chute provoque leur ionisation.

La théorie primitive d'Alfvén a subi le même sort que les premières théories catastrophistes de Jeans[1] et de Lyttleton ; devant les objections, il a fallu multiplier les nuages de gaz rencontrés par le Soleil, comme il avait fallu multiplier les étoiles intervenant dans la catastrophe initiale de Jeans. Outre que la cosmogonie d'Alfvén soulevait de nombreuses questions de physique qui restèrent sans réponse, on se demande pourquoi les étoiles de type solaire rencontreraient toutes

1. Cf. p. 178, n. 1, et p. 179, n. 1.

des nuages de gaz qui freineraient leur rotation et pourquoi elles seules bénéficieraient de ce privilège. Si sa cosmogonie est aujourd'hui globalement abandonnée, il reste à ce grand astrophysicien d'avoir été le premier à envisager les phénomènes magnétiques non seulement dans la formation du système solaire, mais aussi dans celle des étoiles, et d'être véritablement le fondateur d'une nouvelle discipline de l'astronomie : la magnéto-hydrodynamique. L'antériorité et la qualité de ses travaux dans ce domaine lui vaudront le prix Nobel en 1970.

Autre irruption d'une discipline extérieure à l'astronomie dans la cosmogonie : celle de la chimie. En 1952, Urey[1] publie *The Planets : Their Origin and Development*. Pour la première fois l'importance de la physico-chimie est prise en compte, en particulier dans les processus de condensation, question qui avait été jusque-là soit oubliée, soit traitée à la légère. Urey n'est pas tendre pour ses prédécesseurs :

> Durant les trois siècles qui ont suivi la découverte par Copernic du système solaire héliocentrique bien peu de progrès ont été faits pour expliquer son origine. Les hypothèses *ad hoc* qui ont été faites apparaissent suspectes ou hautement improbables. Le sujet est hérissé de miracles, particulièrement quand il est traité par d'autres [auteurs] que des scientifiques sérieux. Mais même des scientifiques ont une tendance marquée à faire appel aux miracles lorsque certaines parties du sujet s'éloignent de leurs propres spécialités. Tenant compte des circonstances, il est bon de rechercher de nouvelles données et de nouvelles approches[2].

1. Harold Clayton Urey (1893-1981), chimiste américain, prix Nobel en 1934, à qui l'on doit la découverte, en 1932, d'un isotope de l'hydrogène.

2. H.C. Urey, *The Planets : Their Origin and Development*, Oxford, Oxford University Press, 1952, p. 5.

Si la nouvelle approche d'un Urey enrichit indiscutablement les recherches cosmogoniques, si en particulier elle précise les conditions de température, de densité et d'abondance chimique dans la nébuleuse primitive, à différentes distances du noyau central et à différentes périodes de son évolution, elle ne résout pas le problème cosmogonique. Il est vrai que le formidable développement de l'astrophysique après la Seconde Guerre mondiale pose des problèmes nouveaux aux cosmogonistes. En 1962, à la conférence organisée par le Goddard Institute for Space Studies sur l'origine de notre système planétaire, on constate que la mariée est trop belle ! Trop de théories divergentes prétendent résoudre le problème, alors qu'en réalité chacune d'elles ne fait, dans le meilleur des cas, qu'éclairer un des aspects du problème de la formation du système solaire. En effet, si les nouvelles possibilités théoriques ouvrent des horizons nouveaux, elles posent aussi des problèmes nouveaux, et les données observationnelles qui devraient les accompagner manquent cruellement. Des théories vraisemblables se développent, mais sont-elles sinon vraies, du moins valides ? En tout cas, elles sont presque toujours à la merci d'une réfutation immédiate.

De ce point de vue, le cas de la théorie de Alfvén est exemplaire. Dans son ouvrage *On the Origin of the Solar System*[1], après avoir développé, pendant cent soixante-dix-neuf pages, les propriétés et le rôle du champ magnétique, Alfvén se pose la question de savoir si ces lignes de force magnétique peuvent effectivement aller directement du noyau au nuage de gaz qui l'entoure ! Il pourrait même se poser la question de savoir si ce champ magnétique existait, puisque toute trace en a disparu sur le Soleil actuel.

Le temps ne semble pas venu d'une théorie qui résolve globalement le problème cosmogonique, il faut pour l'instant se

1. Oxford, Clarendon Press, 1954.

contenter d'un certain nombre de théories éclairant des points de détail, sans entrer en contradiction avec une explication des grands faits caractéristiques du système solaire. Cette situation place les cosmogonistes devant un double piège : l'éclectisme et la balkanisation.

Bel exemple d'éclectisme : le petit ouvrage, *The Origin of the Solar System*, que H.P. Berlage[1] a publié en 1968. De nombreux problèmes relatifs à la formation des planètes et des satellites y sont traités par chapitres très courts qui mettent à contribution une foule d'auteurs aux vues totalement différentes ou même opposées. Éclectisme que revendique Berlage lui-même en déclarant, dans un autre ouvrage : « La théorie planétésimale de Chamberlin et Moulton peut être considérée comme fondamentalement juste, comme les théories de Descartes, Kant et Laplace peuvent l'être également[2]. »

Les comptes rendus des derniers congrès consacrés à l'origine du système solaire confirment ce nouvel aspect de la cosmogonie, que ce soit celui de 1962, à New York, déjà mentionné, ou celui de Nice, organisé par le Centre national de la recherche scientifique, en 1972. Des communications aussi pointues que « Noble Gas Isotopes and Deuterium in the Solar System » ou « Memory of Early Magnetic Fields in Carnocaceous Chondrites » côtoient des revues générales comme *Origin of the Solar System : Reviews of Concepts and Theories* ou *Reconstruction of the History of the Solar System*. Et il est significatif que la dernière session du Colloque de Nice prenne pour titre « Conclusions and Anticonclusion » !

Autre signe des temps, on emploie aujourd'hui les expressions « scénario » ou « schéma », possible ou probable, plus

---

1. Hendrick Petrus Berlage (1856-1934), météorologiste et astronome hollandais. Cf. *The Origin of the Solar System*, Oxford, Pergamon Press.

2. Cf. H.P. Berlage, « Spontaneous Development of Gaseous Disc Revolving round the Sun into Rings and Planets », *Proc. KON. Ned Akad. V. Wetensch.*, n° 41, 1940.

volontiers que « théorie » ou « cosmogonie ». Nous présenterons donc, pour finir, un scénario possible. Cependant la cosmogonie du système solaire n'est pas devenue une grande loterie où n'importe quel numéro pourrait sortir. Tout d'abord, il faut noter que l'on peut classer ces différents scénarios selon deux critères. Les planètes sont-elles nées en même temps que le Soleil ou bien après lui ? La matière dont elles sont formées provient-elle de l'espace ou de l'étoile mère ? La combinaison de ces deux critères donne alors quatre cas possibles.

Si l'on pense que la matière vient de l'espace et que les planètes se sont formées en même temps que le Soleil, on débouche sur un modèle de formation du système solaire du type de celui de la théorie nébulaire de Kant-Laplace : c'est l'option évolutionniste dans toute sa rigueur. Les trois autres cas aboutissent à des scénarios plus ou moins catastrophistes. Si l'on pense que la matière dont sont formées les planètes provient de l'espace, mais que le système planétaire est très postérieur au Soleil, on aboutit à un scénario du genre de celui de Schmidt, clandestinement catastrophiste. Ce cas est actuellement envisagé par très peu d'astronomes. L'observation de certains isotopes radioactifs montre que la formation du Soleil ne peut pas être antérieure à celle des planètes de plus de 100 millions d'années ; intervalle de temps très court vis-à-vis de l'âge estimé de la Terre et des planètes : environ 4,5 milliards d'années. À ce propos, il est intéressant de noter qu'en revanche cet âge est loin d'être négligeable par rapport aux 15 milliards d'années de notre galaxie.

Restent les scénarios franchement catastrophistes. La matière dont les planètes sont formées vient d'une étoile. Le cas type s'apparente au modèle développé par Jeans : les planètes se sont formées après le Soleil à partir de lambeaux de matière qu'une ou plusieurs étoiles lui auraient arrachés. On peut envisager aussi que le système planétaire, né de la désintégration d'un système d'étoiles doubles, s'est formé en même temps que le Soleil. On ne trouve aujourd'hui que fort peu d'adeptes de ces types de scénarios. Outre que la critique de Spitzer reste d'actualité, on sait maintenant que la Terre et Jupiter, et probablement d'autres planètes, contiennent du deutérium. Cet isotope de l'hydrogène lourd est très fragile aux hautes températures et ne saurait subsister au sein d'une étoile.

Ainsi, après bien des vicissitudes, la grande majorité des cosmogonistes est revenue à un scénario fondé sur l'évolution d'une nébuleuse primitive engendrant le Soleil et son cortège de planètes, même si les variantes de détail sont nombreuses et si les emprunts aux cosmogonies catastrophistes sont également nombreux. Et c'est un scénario évolutionniste que nous présentons, un scénario probable parmi d'autres, sachant que les rebondissements sont toujours possibles, tant les remarques que Lambert faisait à la fin du XVIIIe siècle restent d'actualité :

> Ne vous étonnez pas si de nouvelles connaissances donnent naissance à de nouveaux doutes : c'est la marche ordinaire pour parvenir à la vérité ; il est seulement fâcheux que cette route soit trop longue pour satisfaire notre impatience. Au surplus, rassurez-vous, ces doutes seront peu à peu résolus, mais ils en enfanteront d'autres dont la solution est réservée à nos neveux ; contentez-vous donc de ce que vous savez avec évidence et laissez à la postérité le soin de déterminer ce à quoi vous ne sauriez atteindre dans ce moment[1].

Toujours vrai, à ceci près que nous nous contentons de ce que nous savons sans véritable évidence !

---

1. J.H. Lambert, *Cosmologische Briefe über die Einrichtung des Weltbaues* (1761) ; version française, *Lettres cosmologiques sur l'organisation de l'univers*, traduction de Darquier, 1801, reprint, Paris, Éditions Alain Brieux, 1977, p. 53.

En guise de conclusion

À l'origine, donc, un nuage interstellaire de gaz et de poussières tel qu'il en existe tant dans notre galaxie. Un nuage qui, comme tous les objets que l'on observe dans l'univers, des plus petites planètes aux plus gigantesques galaxies, devait tourner sur lui-même. Première question, pourquoi n'est-il pas resté à l'état de nuage interstellaire, comme tant d'autres ? Il est probable qu'une cause extérieure, passage près d'un bras de la galaxie ou explosion d'une supernova, a amorcé une contraction qui s'est poursuivie sous la propre gravité du nuage. Sous l'effet de cette contraction la vitesse de rotation augmente, la nébuleuse s'aplatit, et, la contraction se faisant plus rapidement dans la région centrale, un noyau se forme qui donnera le Soleil. Deuxième question : pourquoi le Soleil tourne-t-il si lentement et pourquoi contient-il une si faible part du moment angulaire du système ? Le recours au champ magnétique sous la forme que lui a donnée Fred Hoyle est aujourd'hui abandonné. On pense maintenant que le ralentissement est dû au transfert de moment cinétique par le vent solaire et le champ magnétique qui lui est associé non plus à la nébuleuse entourant le proto-Soleil, mais à la matière interstellaire environnante. Puis, phase déterminante, la chaleur dégagée par la contraction du noyau central amorce des réactions thermonucléaires : le Soleil commence à rayonner, le nuage de gaz est devenu une étoile. Dans le disque nébulaire, les processus de condensation continuent également, probablement à partir des grains de poussières qui servent de noyau d'accrochage. La composition de ces nucleus grossissants dépend beaucoup de la température ambiante, donc de la distance au proto-Soleil. Puis le Soleil, devenant lui-même et voyant croître son activité, bombarde les futures planètes de particules de hautes énergies. Bombardement qui, semble-t-il, modifie considérablement l'état de surface des nucleus et augmente leur capacité d'agglutination. Les nucleus deviennent des cailloux puis des rochers de plus en plus gros qui, se réunissant, formeront les planètes. Il y aura des rescapés, ils resteront dans le système solaire sous forme de météorites. Paradoxalement, alors que l'on pense avoir trouvé le mécanisme de freinage de la rotation du Soleil, on n'est plus du tout certain des mécanismes qui ont provoqué la formation des anneaux et sont responsables de la relation de Titius-Bode, situation qui confirme ce que nous disions plus haut de cette « loi ». Les astronomes sont revenus à la théorie de Laplace, mais sans pouvoir en expliquer le mécanisme fondamental ! Enfin, l'activité du Soleil a décru pour atteindre le régime de croisière qui est encore aujourd'hui le sien, les bombardements ont décru, les planètes ont continué une évolution parfois tumultueuse, dont les corps sans atmosphère – donc sans érosion – comme la Lune ou Mercure et Mars gardent les cicatrices, mais sur des orbites désormais stables. Cette évolution n'est pas terminée pour les planètes géantes ou même pour la Terre, mais elle est désormais lente et quasi nulle pour Mercure, Mars et la Lune.

Bien des questions restent en suspens. Si l'on sait que les planètes de type terrestre se sont formées entièrement à partir des grains de poussières, alors que les géantes, bénéficiant d'une température assez basse, ont pu retenir la quasi-totalité de l'hydrogène et de l'hélium de leur voisinage, en revanche la distribution des satellites ainsi que l'existence des satellites de Mars ou celle de la Lune restent inexpliquées. Du travail pour nos… neveux.

Née de la constatation de régularités évidentes qui doivent garder la trace des premiers âges du système solaire, baignée des certitudes de la méthode cartésienne puis de la rigueur implacable de la mécanique de Newton, auréolée du prestige de Kant et de Laplace et servie par la clarté d'esprit et la langue admirable de Descartes, de Kant et de Laplace, la théorie nébulaire s'engage dès ses débuts sur la voie royale que la mécanique céleste ouvre à l'astronomie. Il semble à tous qu'aménager et retoucher cette théorie, au gré des découvertes nouvelles qui ne sauraient que l'enrichir sans jamais la contredire, soit le lot des successeurs de Laplace, qui n'auront pour tâche que de la mener à sa perfection.

De fait, pendant près d'un siècle, elle accompagne la mécanique céleste dans son ascension glorieuse qui culmine avec la découverte de Neptune. Pourtant, les doutes et les incertitudes rôdent déjà, qu'ils viennent des géologues, qui posent le problème de l'âge respectif de la Terre et du Soleil – dont on s'étonne qu'il dépense tant d'énergie depuis si longtemps –, ou des astronomes eux-mêmes, qui s'étonnent de cet étrange répartition du moment angulaire dans le système solaire. La théorie nébulaire semble en mourir. D'autant plus que le développement de l'astrophysique soulève une foule de nouvelles questions sur les astres et leur environnement. La théorie évolutionniste de Kant-Laplace, mal servie par certains des successeurs de Laplace et trop exclusivement mécanique, commence à être plus ou moins ouvertement déconsidérée puis abandonnée. Si Laplace continue à être respectueusement cité, la nouvelle référence est Buffon, et sa théorie catastrophiste : le système solaire doit être né d'une rencontre catastrophique et rarissime entre plusieurs étoiles ou entre une étoile et un nuage vagabondant dans l'univers. Type de théorie favorable, plus que n'importe quel autre, aux hypothèses *ad hoc* et aux scénarios les plus fantaisistes. En moins de cinquante ans, de réfutations en complications et en nouvelles réfutations, les théories catastrophistes sont à leur tour abandonnées, non sans avoir contribué aux immenses progrès de l'astrophysique en général et de la cosmogonie en particulier. Aujourd'hui, et pour les mêmes raisons fondamentales qu'au temps de Laplace (l'état actuel du système et ses régularités), la théorie de la nébuleuse originelle, profondément remaniée et enrichie par les assauts qu'elle a dû subir, est de nouveau admise par la grande majorité des cosmogonistes, avec toutefois moins d'assurance et plus d'incertitudes de détail qu'au XVIIIe siècle, et avec une pointe de catastrophisme pour amorcer la condensation de la nébuleuse primitive.

Annexe
Calculs de Faye

D'où dans la période intermédiaire la loi d'attraction :

$$A = B(t)r + C(t)/r^2$$

où $B(t)$ varie de K à 0 et $C(t)$ varie de 0 à K'

À partir de cette loi évolutive, on peut examiner comment se comportent les anneaux. Les trajectoires étant considérées comme circulaires et la force centrifuge équilibrant l'attraction, on a l'égalité $\omega^2 r = B(t)r + C(t)/r^2$, ou encore $\omega r = \{B(t)r^2 + C(t)/r\}^{1/2}$, où ωr est la vitesse linéaire d'une particule située à la distance r du centre de la nébuleuse.

Si cette vitesse croît quand r croît, les particules extérieures auront une vitesse supérieure à celle des particules intérieures : l'anneau, après sa rupture, donnera une planète à rotation directe. C'est le cas général envisagé par Laplace, qui ne le justifie pas par une formule mathématique évolutive mais par une approche physique du comportement des molécules dans la nébuleuse primitive. Si cette vitesse décroît quand r croît, alors la planète issue d'un tel anneau aura une rotation rétrograde.

Le problème consiste donc à étudier dans quel sens varie la vitesse ωr, donc la quantité $B(t)r^2 + C(t)/r$. Ce qui revient à étudier le signe de la fonction dérivée, c'est-à-dire de l'expression : $2B(t)r - C(t)/r^2$.

La solution est simple : tant que $2B(t)$ est plus grand que $C(t)r^3$, l'anneau engendrera une planète à rotation directe ; dans le cas contraire, il engendrera une planète à rotation rétrograde.

Or au début $C(t)$ est nul puis reste assez longtemps très petit, on a donc partout $2B(t)$ plus grand que $C(t)/r^3$. Avec le temps, $C(t)$ croît et $B(t)$ décroît, donc à un certain moment il existe une distance r où l'inégalité ci-dessus cesse d'être vérifiée ; alors une planète formée à cette distance et à cet instant sera à rotation rétrograde.

Ainsi, selon la cosmogonie de Faye, les planètes à rotation directe sont les plus anciennes ; l'âge relatif des différentes planètes est inverse de celui que Laplace leur assignait. Dans cette hypothèse, la Terre serait plus vieille non seulement que Jupiter mais que le Soleil lui-même, puisque, au moment où elle s'est formée, $B(t)$ était grand et $C(t)$ petit : la condensation était alors faiblement avancée.

Bibliographie

ANDRÉ, Ch., *Les Planètes et leur origine*, Paris, Gauthier-Villars, 1909.

ARISTOTE, *Traité du ciel*, I, 10 ; édition de Paul Moraux, Paris, Les Belles Lettres, 1965.

ARRHENIUS, S., *L'Évolution des mondes*, Paris, Librairie polytechnique Ch. Béranger, 1910.

BABINET, J., *Études et lectures sur les sciences d'observation et leurs applications pratiques*, vol. II, Paris, Mallet-Bachelier, 1855.

BELOT, E., *Essai de cosmogonie tourbillonnaire*, Paris, Gauthier-Villars, 1911.

BERLAGE, H.P., *The Origin of the Solar System*, Oxford, Clarendon Press, 1968.

BRISSON, L., et MEYERSTEIN, F.W., *Inventer l'univers*, Paris, Les Belles Lettres, 1991.

BUFFON, *Histoire naturelle générale et particulière*, avec la collaboration de Daubenton, 15 vol., Paris, Imprimerie royale, 1749-1767.

– *Histoire naturelle générale et particulière. Supplément*, 7 vol., Paris, Imprimerie royale, 1774-1789.

– *Les Époques de la Nature*, édition critique de Jacques Roger, Paris, Éditions du Muséum, 1962 (rééd. 1988).

– *Œuvres philosophiques de Buffon*, texte établi et présenté par Jean Piveteau, Paris, PUF, 1954.

– *Œuvres*, textes présentés et annotés par Stéphane Schmitt, Paris, Gallimard, 2007.

DAUVILLIER, A., *Genèse, nature et évolution des planètes*, Paris, Librairie Hermann et Cie, 1947.

DESCARTES, R., *Correspondance de Descartes*, t. I-VIII, édition de Ch. Adam et G. Milhaud, Paris, F. Alcan, puis PUF, 1936-1963.

– *Le Monde de Monsieur Descartes ou le Traité de la lumière*, Paris, J. Legras, 1664.

– *Le Monde, l'Homme*, textes établis et annotés par Annie Bitbol-Hespériès et Jean-Pierre Verdet, Paris, Seuil, 1996.
– *Œuvres de Descartes*, 11 vol., édition publiée par Ch. Adam et P. Tannery, Paris, 1897-1909; nouvelle présentation, en coédition avec le CNRS, Paris, Vrin, 1964-1974.
Dictionary of Scientific Biography, New York, Scribner, 1970.
DUHEM, P., *Le Système du monde*, 10 vol., Paris, Hermann, 1913-1959.
EMPÉDOCLE, *Empédocle*, J. Bollack, vol. 2, *Les Origines*, édition et traduction des fragments; vol. 3, *Commentaires*, Paris, Éditions de Minuit, 1969.
FAYE, H., *Sur l'origine du monde*, Paris, Gauthier-Villars, 1884 (2e éd. 1896).
HÉSIODE, *Théogonie*, édition de Paul Mazon, Paris, Les Belles Lettres, 1972.
JAKI, S.L., *Planets and Planetarians : A History of Theories of the Origin of Planetary Systems*, Édimbourg, Scottish Academic Press, 1978.
JEANS, J.H., *Problems of Cosmogony and Stellar Dynamics*, Cambridge, Cambridge at the University Press, 1919.
KANT, E., *Histoire naturelle générale et théorie du ciel*, édition de P. Kerszberg, A.-M. Roviello et J. Seidengart, Paris, Librairie philosophique J. Vrin, 1984.
KELVIN (sir William Thomson, lord), *On the Origin of the Sun's Heat*, Londres, 1891 (2e éd.).
KOYRÉ, A., *Du monde clos à l'univers infini*, Paris, PUF, 1962.
LAMBERT, J.H., *Cosmologische Briefe über die Einrichtung des Weltbaues* (1761); version française, *Lettres cosmologiques sur l'organisation de l'univers*, traduction de Darquier, 1801, reprint, Paris, Éditions Alain Brieux, 1977.
LAPLACE, P.S., *Exposition du système du monde*, Paris, Bachelier, 1824 (5e éd.).
– *Œuvres complètes*, 14 vol., édition de l'Académie des sciences, Paris, Gauthier-Villars, 1878-1912.
LEIBNIZ, *Protogaea*, traduction de Bertrand de Saint-Germain, Toulouse, Presses universitaires du Mirail, 1993.
LIGONDÈS, R. du, *Formation mécanique du système du monde*, Paris, Gauthier-Villars, 1897.
LOCKYER, N., *L'Évolution inorganique*, Paris, Félix Alcan, 1905.
LUCRÈCE, *De la nature*, édition de A. Ernout, Paris, Les Belles Lettres, 1972.
MERLEAU-PONTY, J., *La Science de l'univers à l'âge du positivisme*, Paris, Vrin, 1983.

NEWTON, I., *Principes mathématiques de la philosophie naturelle*, traduction en langue française par la marquise du Châtelet augmentée des commentaires de Clairaut, 2 vol., Paris, 1756 (reprint, Paris, Albert Blanchard, 1966).

PLATON, *Timée*, traduction de A. Rivaud, Paris, Les Belles Lettres, 1970.

— *Timée*, traduction de Luc Brisson, Paris, GF-Flammarion, 1992.

POINCARÉ, H., *Leçons sur les hypothèses cosmogoniques*, Paris, Hermann, 1911.

Présocratiques (Les), édition de Jean-Paul Dumont, Paris, Gallimard, 1988. Il existe désormais une nouvelle traduction française des textes présocratiques : *Les Philosophes présocratiques*, Fribourg, Éditions universitaires de Fribourg, 1995.

SCHMIDT, O., *Quatre Leçons sur la théorie de l'origine de la Terre*, Moscou, Éditions en langues étrangères,1959.

SWEDENBORG, E., *Cosmologica, Opera quaedam aut inedita aut obsoleta de rebus naturalibus*, vol. II, nunc edita sub auspiciis Regiae Academiae Scientiarum Suecicae, Holmiae, 1908.

UREY, H.C., *The Planets : Their Origin and Development*, Oxford, Oxford University Press, 1952.

VERDET, J.-P., *Textes essentiels en astronomie et en astrophysique*, Paris, Larousse, 1993.

— *Une histoire de l'astronomie*, Paris, Seuil, 1990.

WOLF, Ch., *Les Hypothèses cosmogoniques*, Paris, Gauthier-Villars, 1886.

Index des noms

Crédits iconographiques

Page 54 : figure 1, extraite du *Monde de M. Descartes ou Le Traité de la lumière, et des autres principaux objets des sens* de René Descartes, Paris, Théodore Girard, 1664, p. 116. Page 61 : figure 2, extraite des *Principia rerum naturalium…* d'Emanuel Swedenborg, Dresde et Leipzig, sumptibus Fridrici Hekelii, 1734, p. 394. Page 101 : figure 3, extraite de *Sur l'origine du monde : théories cosmogoniques des anciens et des modernes* d'Hervé Faye, Paris, Gauthier-Villars, 1884, p. 191. Page 105 : figure 4, extraite des *Leçons sur les hypothèses cosmogoniques* d'Henri Poincaré, Paris, Librairie scientifique A. Hermann et fils, 1911. Page 110 : figure 5, extraite des *Leçons sur les hypothèses cosmogoniques professées à la Sorbonne* d'Henri Poincaré, Paris, A. Hermann et fils, 1913 ; © BNF. Pages 125-127 : figures 6, 7 et 8, extraites de *Formation mécanique du système du monde* du Lt. col. R. du Ligondès, Paris, Gauthier-Villars, 1897 ; © BNF. Pages 154, 156 : figures 9 et 10, extraites de l'*Essai de cosmologie tourbillonnaire* d'Émile Belot, Paris, Gauthier-Villars, 1911. Pages 169, 171 : figures 11 et 12, extraites de l'article publié par F.R. Moulton en 1905, « On the Evolution of the Solar System », *The Astrophysical Journal*, 22, 1905, p. 165-181 ; © Observatoire de Paris. Page 193 : figure 13, extraite de « Über die Entstehung des Planetensystems » de C.F. von Weizsäcker, in *Zeitschrift für Astrophysik*, 22, 1943, p. 339. Page 193 : figure 14, extraite de « The Origin of the Solar System » de H.S. Jones, in *Science News*, 14, Harmonds-worth-Middlesex, Penguin Books, 1949, p. 90. Page 209 : figure 15 © Ejnar Hertzsprung, Henry Norris Russell, environ 1910. Page 214 : figure 17, extraite de *Frontiers of Astronomy*, de F. Hoyle, New York, Harper and Brothers, 1955, p. 92.

Table

Le Seuil s'engage pour la protection de l'environnement

Ce livre a été imprimé chez un imprimeur labellisé Imprim'Vert, marque créée en partenariat avec l'Agence de l'Eau, l'ADEME (Agence de l'Environnement et de la Maîtrise de l'Énergie) et l'UNIC (Union Nationale de l'Imprimerie et de la Communication).
La marque Imprim'Vert apporte trois garanties essentielles :

- la suppression totale de l'utilisation de produits toxiques ;
- la sécurisation des stockages de produits et de déchets dangereux ;
- la collecte et le traitement des produits dangereux.

RÉALISATION : CURSIVES À PARIS
IMPRESSION : NORMANDIE ROTO IMPRESSION S.A.S À LONRAI
DÉPÔT LÉGAL : FÉVRIER 2010. N° 97748 (100201)
IMPRIMÉ EN FRANCE